“十三五”国家重点图书出版规划项目

中华农圣贾思勰与《齐民要术》研究丛书

齊民要術与现代农业果菜技术创新

蔡英明 蔡中 著

中国农业科学技术出版社

图书在版编目（CIP）数据

《齐民要术》与现代农业果菜技术创新 / 蔡英明，蔡中著 .—北京：中国农业科学技术出版社，2017.7

（中华农圣贾思勰与《齐民要术》研究丛书）

ISBN 978-7-5116-2934-0

Ⅰ.①齐… Ⅱ.①蔡… ②蔡… Ⅲ.①农学-中国-北魏 ②《齐民要术》-研究 ③果树园艺-研究 ④蔬菜园艺-研究 Ⅳ.①S-092.392 ②S66 ③S63

中国版本图书馆 CIP 数据核字（2017）第 003394 号

责任编辑 闫庆健
文字加工 段道怀
责任校对 杨丁庆

出 版 者 中国农业科学技术出版社
北京市中关村南大街 12 号 邮编：100081
电　　话 (010)82106632(编辑室) (010)82109704(发行部)
(010)82109709(读者服务部)
传　　真 (010)82106625
网　　址 http://www.castp.cn
经 销 者 各地新华书店
印 刷 者 北京科信印刷有限公司
开　　本 710 mm×1 000 mm 1/16
印　　张 12.5
字　　数 229 千字
版　　次 2017 年 7 月第 1 版 2017 年 7 月第 1 次印刷
定　　价 40.00 元

作者简介

蔡英明，推广研究员、高级科技咨询师、寿光市一边倒果树研究所所长。1962 年 5 月生，1984 年 7 月毕业于山东农业大学，从事教育、科研、生产 30 多年。有多项发明创造，包括干性果树“一边倒”技术、蔓性果树小龙干技术、果树满透平技术、平衡施肥攻克植物重茬技术、植物病虫分类防治技术等。2001 年后发表论文数篇并获奖；2003 年后 3 次在北京人民大会堂出席中国科学家论坛；2004 年“一边倒”技术通过专家鉴定并获科技成果奖；2005 年山东卫视“大棚樱桃超高产挑战吉尼斯；2005 年国家主席胡锦涛接见课题组研究人员；2006 年后多部音像图书相继出版；2007 年有关事迹收录于《共和国骄子》和《壮丽人生》；2008 年该研究所园区被评为山东省星火科技示范基地；2009 年被评为山东十大生态旅游景点和中国果菜无公害高科技示范基地；2009 年被评为“六十周年百名优秀发明家”；2010 年被评为齐鲁星火科技带头人、中国果菜产业十大杰出人物、并荣获中国果菜产业特别贡献奖；2011 年被评为山东最具行动力“三农”人物。多年来被聘为中国科学家论坛特约科学家、中国专家学者协会会员、中国管理科学研究院特约研究员、中国农村科技理事会常务理事，为中国首届合作社论坛主要发起人及主讲、中国果菜实用技术首席专家和主讲，山东星火科技服务首席专家和主讲、山东基层农技人员培训主讲、山东富硒健康产业专业委员会资深专家、山东潍坊市科技致富万人培训主讲、山东潍坊市营养协会副会长等。

蔡中，科技咨询师，1990年2月生，2012年7月毕业于山东大学。面对持续低迷的农业、面对后继无人的空壳村、面对老龄化的农民，大学生纷纷避之如虎，蔡中却毅然奔赴农村，甘愿面朝黄土背朝天，做一个知识型新农民。农民种地养家尚且十分艰难，蔡中却靠种地养科研，矢志为农业增效、为农民增收而研究农业转型，在咨询中研究园区策划，在推广中研究技术创新，在生产中研究管理之道，在市场上研究营销技巧，几年下来，足迹遍布全国各地，为“三农”事业做出了积极贡献，赢得了广大农业生产者和农业科技工作者的交口称赞。

中华农圣贾思勰与《齐民要术》研究丛书

编撰委员会

主　　编　李昌武　刘效武

副 主 编　薛彦斌　李兴军　孙有华

编　　委（按姓氏笔画为序）

于建慧　王　朋　王红杰　王金栋　王思文　王继林
王敬礼　朱在军　朱振华　刘　曦　刘子祥　刘长政
刘玉昌　刘玉祥　刘金同　孙仲春　孙安源　杨志强
杨现昌　杨维国　李美芹　李冠桥　李桂华　李海燕
宋峰泉　张子泉　张凤彩　张砚祥　张恩荣　张照松
陈伟华　邵世磊　林聚家　国乃全　周衍庆　郎德山
赵世龙　胡立业　胡国庆　信俊仁　信善林　耿玉芳
夏光顺　柴立平　郭龙文　黄　朝　黄本东　崔永峰
崔政泵　葛汝凤　葛怀圣　董宜顺　董绳民　焦方增
舒　安　蔡英明　魏华中

校　　订　王冠三　魏道揆　刘东阜　侯如章

学术顾问组织

中国科学院

中国农业科学院

中国农业历史学会

中华农业文明研究院

中国农业历史文化研究中心

农业部农村经济研究中心

山东省农业科学院

山东省农业历史学会

序 一

《齐民要术》是我国现存最早、最完整的一部古代综合性农学巨著，在中国传统农学发展史上是一个重要的里程碑，在世界农业科技史上也占有非常重要的地位。

《齐民要术》共10卷，92篇，11万多字。全书“起自耕农，终于醯醢，资生之业，靡不毕书”，规模巨大，体系完整，系统地总结了公元6世纪以前黄河中下游旱作地区农作物的栽培技术、蔬菜作物的栽培技术、果树林木的栽培技术、畜禽渔业的养殖技术以及农产品加工与贮藏、野生植物经济利用等方面的知识，是当时我国最全面、系统的一部农业科技知识集成，被誉为中国古代第一部“农业百科全书”。

《齐民要术》研究会组织包括高校科研人员、地方技术专家等20多人在内的精干力量，凝心聚力，勇担重任，经过三年多的辛勤工作，完成了这套近400万字的《中华农圣贾思勰与〈齐民要术〉研究丛书》。该《丛书》共三辑15册，体例庞大，内容丰富，观点新颖，逻辑严密，既有贾思勰里籍考证、《齐民要术》成书背景及版本的研究，又有贾思勰农学思想、《齐民要术》所涉及农林牧渔副等各业与当今农业发展相结合等方面的研究创新。这些研究成果与我国农业当前面临问题和发展的关系密切，既能为现代农业发展提供一些思路和有益参考，又很好地丰富了传统农学文化研究的一些空白，可喜可贺。可以说，这是国内贾思勰与《齐民要术》研究领域的一部集大成之作，对传承创新我国传统农耕文化，服务现代农业发展将发挥积极的推动作用。

《中华农圣贾思勰与〈齐民要术〉研究丛书》能得到国家出版基金资助，列入“十三五”国家重点图书出版规划项目，进一步证明了该《丛书》的学术价值与应用价值。希望该《丛书》的出版能够推动《齐民要术》的研究迈上新台阶；为推进现代农业生态文明建设，实现农业的可持续发展提供有益的借鉴；为传承和弘扬中华优秀传统文化，展现中华民族的精神文化瑰宝，提升中国的文化软实力发挥作用。

中国工程院副院长
中国工程院院士　刘旭

2017 年 4 月

序 二

中国是世界四大文明古国之一，也是世界第一农业大国。我国用不到世界9%的耕地，养活了世界21%的人口，这是举世瞩目的巨大成绩，赢得世人的一致称赞。对于我国来说，“食为政首”“民以食为先”，解决人的温饱是最大问题，也是我国的特殊国情，所以，从帝制社会开始，历朝历代，都重视农业，把农业作为“资生之业”，同时又将农业技术的改良、品种的选优等放在发展农业的优先位置，这方面的成就是为世界公认的，并作为学习的榜样。

中华农圣贾思勰所撰农学巨著《齐民要术》，是每位农史研究者必读书目，在国内外影响极大，有很多学者把它称为“中国古代农业的百科全书”。英国著名科学家达尔文撰写《物种起源》时，也强调其重要性，在有些篇章有些字句里面，也引用了《齐民要术》和中国农书的一些重要成果，对它给予充分肯定。研究中国农业，《齐民要术》是一座绕不开的丰碑。《齐民要术》是古代完整的、全面的农业著作，内容相当丰富，从以下几方面，可以看出贾思勰的历史功绩。

在农作物的栽培技术方面，他详细记叙了轮作与间作套种方法。原始农业恢复地力的方法是休闲，后来进步成换茬轮作，避免在同一块地里连续种植同一作物所引起的养分缺乏和病虫害加重而使产量下降。在这方面，《齐民要术》记述了20多种轮作方法，其中最先进的是将豆科作物纳入轮作周期。在当时能认识到豆科植物有提高土壤肥力的作用，是农业上很大的进步，这要比英国的绿肥轮作制（诺福克轮作制）早1 200多年。间作套种是充分利用光能和地力的增产措施，《齐民要术》记述着十几种做法，这反映了当时间作套种技术的成就。

对作物播种前种子的处理，提出了泥水选种、盐水选种、附子拌种、雪水浸种等方法，这都是科学的创见。特别是雪水浸种，以“雪是五谷之精”提出观点，事实上，雪水中重水含量少，能促进动植物的新陈代谢（重水是氢的同位素重氢和氧化合成的水，对生物体的生长发育有抑制作用），科学实验证明，在温室中用雪水浇灌，可使黄瓜、萝卜增产两成以上。这说明在1 400多年前劳动人民已从实践中觉察到雪水和普通水的不同作用，实为重要的发现。在《收种第二》篇中，对选种育种更有一整套合乎科学道理的方法："粟、黍、穄、粱、秫，常岁岁别收，选好穗纯色者，劁刈高悬之，至春治取，别种，以拟明年种子。其别种种子，常须加锄。先治而别埋，还以所治蘘草蔽窖。不尔，必有为杂之患。"这里所说的，就是我们沿用至今的田间选种、单独播种、单独收藏、加工管理的方法。

《齐民要术》记载了我国丰富的粮食作物品种资源。粟的品种97个，黍12个，穄6个，粱4个，秫6个，小麦8个，水稻36个（其中糯稻11个）。贾思勰根据品种特性，分类加以命名。他对品种的命名采用三种方式：一是以培育人命名，如"魏爽黄""李浴黄"等；二是"观形立名"，如高秆、矮秆、有芒、无芒等；三是"会义为称"，即据品种的生理特性如耐水、抗虫、早熟等命名。他归纳的这三种命名方式，直到现在还在使用。

在蔬菜作物的栽培技术方面，成就斐然。《齐民要术》第15~29篇都是讲的蔬菜栽培。所提到的蔬菜种类达30多种，其中约20种现在仍在继续栽培，寿光市现在之所以蔬菜品种多、技术好、质量高，与此不无传承关系。《齐民要术》在《种瓜第十四》篇中，提到种瓜"大豆起土法"，这是在种瓜时先用锄将地面上的干土除去，再开一个碗口大的土坑，在坑里向阳一边放4颗瓜子、3颗大豆，大豆吸水后膨胀，子叶顶土而出，瓜子的幼芽就乘势省力地跟着出土，待瓜苗长出几片真叶，再将豆苗掐断，使断口上流出的水汁，湿润瓜苗附近的土壤，这种办法，在20世纪60—70年代还被某外国农业杂志当作创新经验介绍，殊不知贾思勰在1 400年前就已经发现并总结入书了。又如，从《种韭第二十二》篇可以看出，当时的菜农已经懂得韭菜的"跳根"现象，而采取"畦欲极深"和及时培土的措施来延长采割寿命。这说明那时的贾思勰对韭菜新生鳞茎的生物学特点已经有所认识。再如，对韭菜新陈种籽的鉴别，采用了"微煮催芽法"来检验，"微煮"二字非常重要，这一方法延续到现在。

在果树栽培方面，《齐民要术》写到的品种达30多种。这些果树资料，对世界各国果树的发展起过重要作用。如苏联的植物育种家米丘林和美国、加拿大的植物育种家培育的寒带苹果，都是用《齐民要术》中提到的海棠果作亲本培育成功的。在果树的繁殖上贾思勰记载了数种嫁接技术。为使果类增产，他还提出“嫁枣”（敲打枝干）、疏花的措施，以减少养分的虚耗，促多坐果，这是很有见地的。

在养殖业方面，《齐民要术》从大小牲畜到各种鱼类几乎都有涉猎，记之甚详，特别大篇幅强调了马的饲养。从养马、相马、驯马、医马到定向选育、培育良种都作了科学的论述，现在世界各国的养马业，都继承了这些理论和方法，不过更有所提高和发展罢了。

在农产品的深加工方面，记述的餐饮制品从酒、酱到菜肴、面食等，多达数百种，制作和烹饪方法多达20余种，都体现了较高的科技水平。在《造神曲并酒第六十四》篇中的造麦曲法和《笨曲并酒第六十六》篇中的三九酒法，记载着连续投料使霉菌得到深层培养，以提高酒精浓度和质量的工艺，这在我国酿酒史上具有重要意义。

贾思勰除了在农业科学技术方面有重大成就外，还在生物学上有所发现。如对植物种间相互抑制或促进的认识和利用以及对生物遗传性、变异性和人工选择的认识和利用等。达尔文《物种起源》第一章《家养状况下的变异》中提到，曾见过“一部中国古代的百科全书”，清楚地记载着选择，经查证这部书就是《齐民要术》。总之，《物种起源》和《植物和动物在家养下的变异》中都参阅过这部“中国古代百科全书”，六次提及《齐民要术》，并援引有关事例作为他的著名学说——进化论佐证。如今《齐民要术》更是引起欧美学者的极大关注和研究，说它“即使在世界范围内也是卓越的、杰出的、系统完整的农业科学理论与实践的巨著。”

达尔文在《物种起源》中谈到人工选择时说：“如果以为这种原理是近代的发现，就未免与事实相差太远。在一部古代的中国百科全书中，已有关于选择原理的明确记述。”“农学家们的普遍经验具有某种价值，他们常常提醒人们当把某一地方产物试在另一地方栽培时要慎重小心。中国古代农书作者建议栽培和维持各个地方的特有品种。”达尔文说：“在上一世纪耶稣会士们出版了一部有关中国的大部头著作，这部著作主要是根据古代中国百科全书编成的。关于绵羊，书中说‘改良品种在于特别细心地选择预定作繁殖之用的羊羔，对它们善加饲养，保持羊群隔离。’中国人对于各种植物和果树也应用了同样的选择原理。”“物种能适应于某种特殊风土有多少是单纯由于其习性，有多少是由于具备不同内在体质的变种之自然选择，以及有多少是由于两者合在一起的作用，却是个朦胧不清的问题。根据类例推理和农书中甚至古代中国百科全书中提出的关于将动物从一个地区迁移至另一地区饲养时要极其谨慎的不断忠告，我应当相信习性有若干影响的说法。”

李约瑟是英国近代生物化学家和科学技术史专家、原英国皇家学会会员（FRS）、原英国学术院院士（FBA）、剑桥大学李约瑟研究所创始人，其所著《中国的科学与文明》（即《中国科学技术史》）对现代中西文化交流影响深远。李约瑟评价说：“中国文明在科学史中曾起过从未被认识的巨大作用，在人类了解自然和控制自然方面，中国有过贡献，而且贡献是伟大的。”李约瑟及其助手白馥兰，对贾思勰的身世背景作了叙述，侧重于《齐民要术》的农业技术体系构建，就种植制度、耕作水平、农器组配、养畜技艺、加工制作以及中西农耕作业的比较进行了阐述，并指出：“《齐民要术》是完整保留至今的最早的中国农书，其行文简明扼要，条理清晰，所述技术水平之高，更臻完美。其结果是这本著作长期使用至今还基本上是完好无损。”“《齐民要术》所包含的技术知识水平在后来鲜少被超越。”

日本是世界上保存世界性巨著《齐民要术》的版本最多的国家，也是非汉语国度研究《齐民要术》最深入的国家。日本学者薮内清在《中国、科学、文明》一书中说：“我们的祖先在科学技术方面一直蒙受中国的恩惠，直到最近几年，日本在农业生产技术方面继续沿用中国技术的现象还到处可见。”并指出：“贾思勰的《齐民要术》一书，详细地记述了华北干燥地区的农业技术，在日本，出版了这本书的译本，而且还出现了许多研究这本书的论文。”日本鹿儿岛大学原教授、《齐民要术》研究专家西山武一在《亚洲农法和农业社会》（东京大学出版会，1969）的后记中写道：“《齐民要术》不仅是中国农书中的最高峰，也是最难读懂的农书之一。它宛如瑞士的高山艾格尔峰（Eiger）的悬崖峭壁一般。不过，如果能够根据近代农学的方法论搞清楚其书写的旱地农法的实态的话，那么《齐民要术》的谜团便会云消雾散。”日本研究《齐民要术》专家神谷庆治在西山武一、熊代幸雄《校订译注〈齐民要术〉》的“序文”中就说，《齐民要术》至今仍有惊人的实用科学价值。“即使用现代科学的成就来衡量，在《齐民要术》这样雄浑有力的科学论述前面，人们也不得不折服。在日本旱地农业技术中，也存在春旱、夏季多雨等问题，而采取的对策，和《齐民要术》中讲述的农学原理有惊人的相似之处”。神谷庆治在论述西洋农学和日本农学时指出：“《齐民要术》不单是千百年前中国农业的记载，就是从现代科学的本质意义上来看，也是世界上的农书巨著。日本曾结合本国的实际情况和经验，加以比较对照，消化吸收其书中的农学内容”。日本农史学家渡部武教授认为：“《齐民要术》真可以称得上集中国人民智慧大成的农书中之雄，后世几乎所有的中国农书或多或少要受到《齐民要术》的影响，又通过劝农官而发挥作用。”日本学者山田罗谷评价说：“我从事农业生产三十余年，凡是民家生产上生活上的事，只要向《齐民要术》求教，依照着去做，经过历年的试行，没有一件不成功的。尤其关于农业生产的切实指导，可以和老农的宝贵经验媲美的，只有这部书。所以要特为译成日文，并加上注释，刊成新书行世。”

《齐民要术》在中国历朝历代，更被奉为至宝。南宋的葛祐之在《齐民要术后序》中提到，当时天圣中所刊的崇文院版本，不是寻常人可见，藉以称颂张𬭚能刊行于州治，“欲使天下之人皆知务农重谷之道”。《续资治通鉴长编》的作者南宋李焘推崇《齐民要术》，说它是“在农家最翘然出其类”。明代著名文学家、思想家、哲学家，明朝文坛“前七子”之一，官至南京兵部尚书、都察院左都御史的王廷相，称《齐民要术》为“惠民之政，训农裕国之术”。20世纪30年代，我国一代国学大师栾调甫称《齐民要术》一书：“若经、若史、若子、若集。其刻本一直秘藏于皇家内库，长达数百年，非朝廷近人不可得。”著名经济史学家胡寄窗说：“贾思勰对一个地主家庭所须消费的生活用品，如各种食品的加工保持和烹调方法；如何养鱼养马；甚至连制造笔墨及其原材料等所应具备的知识，无不应有尽有。其记载周详细致的程度，绝对不下于举世闻名的古希腊色诺芬为教导一个奴隶主如何管理其农庄而编写的《经济论》。”

寿光是贾思勰的故里，我对寿光很有感情，也很有缘源，与其学术活动和交流十分频繁。2006年4月，我应中国（寿光）国际蔬菜博览会组委会、潍坊科技职业学院（现潍坊科技学院）、寿光市齐民要术研究会的邀请，来到著名的中国蔬菜之乡寿光，参观了第七届中国（寿光）国际蔬菜博览会，感到非常震撼，与会“《齐民要术》与现代农业高层论坛”，我在发言中说：“此次来到中国蔬菜之乡和贾思勰的故乡，受益匪浅。《齐民要术》确实是每个研究农学史学者必读书目，在国内外影响非常之大，有很多学者把它称为是中国古代农业的百科全书，我们知道达尔文写进化论的时候，他也在书中强调，在有些篇章有些字句里面，也引用了《齐民要术》和中国农书的一些重要成果，对它给予充分肯定。《齐民要术》研究和现代农业研究结合起来，学习和弘扬贾思勰重农、爱农、富农的这样一个思想，继承他这种精神财富，来建设我们的新农村，是一个非常重要的主题。寿光这个地方有着悠久的传统，在农业方面有这样的成就，古有贾思勰、今有寿光人，古有《齐民要术》、今有蔬菜之乡，要把这个资源传统优势发挥出来”。2006年5月，潍坊科技职业学院副院长薛彦斌博士前往南京农业大学中华农业文明研究院，我带领薛院长参观了中华农业文明研究院和古籍珍本室，目睹了中华农业文明研究院馆藏镇馆之宝——明嘉靖三年马直卿刻本《齐民要术》，薛院长与我、沈志忠教授一起商议探讨了《〈齐民要术〉与现代农业高层论坛论文集》的出版事宜，决定以2006年增刊形式，在CSSCI核心期刊《中国农史》上发表。2006年9月，我与薛院长又一道同团参加了在韩国水原市举行的、由韩国农业振兴厅与韩国农业历史学会举办的“第六届东亚农业史国际研讨会”，来自中韩日三国的60余名学者参加了学术交流，进一步增进了潍坊科技学院与南京农业大学之间的了解和学术交流。2015年7月，寿光市齐民要术研究会会长刘效武教授、副会长薛彦斌教授前往南京农业大学中华农业文明研究院，与我、沈志忠教授一起，商议《中华农圣贾思勰与〈齐民要术〉研究丛书》出版前期事宜，我十分高兴地为该丛书写了推荐信，双方进行了深入的学术座谈、并交换了学术研究成果。2016年12月，薛院长又前往南京农业大学中华农业文明研究院，向我颁发了潍坊科技学院农圣文化研究中心学术带头人和研究员聘书，双方交换了学术研究成果。寿光市齐民要术研究会作为基层的研究组织，多年来可以说做了大量卓有成效的优秀研究工作，难能可贵。特别是此次，聚心凝力，自我加压，联合潍坊科技学院，推出这项重大研究成果——《中华农圣贾思勰与〈齐民要术〉研究丛书》，即将由中国农业科学技术出版社出版，并荣获国家新闻出版广电总局2016年度国家出版基金资助，入选“十三五”国家重点图书出版规划项目，可喜可贺。在策划和写作过程中，刘效武教授、薛彦斌教授始终与我保持着学术联系和及时沟通，本人有幸听取该丛书主编刘效武教授、薛彦斌教授对丛书总体设计的口头汇报，又阅读“三辑”综合内容提要和各分册书目中的几册样稿，觉得此套丛书的编辑和出版十分必要、非常适时，它既梳理总结前段国内贾学研究现状，又用大量现代农业创新案例展示它的博大精深，同时也填补了国内这一领域中的出版空白。该丛书作为研读《齐民要术》宝库的重要参考书之一，从立体上挖掘了这部世界性农学巨著的深度和广度。丛书从全方位、多角度进行了比较详细的探讨和研究，形成三辑15分册、近400万字的著述，内容涵盖了贾思勰与《齐民要术》研读综述、贾思勰里籍及其名著成书背景和历史价值、《齐民要术》版本及其语言、名物解读、《齐民要术》传承与实践、贾思勰故里现代农业发展创新典型等方方面面，具有“内容全面”“地域性浓”“形式活泼”等特色。所谓内容全面：既考订贾思勰里籍和《齐民要术》语言层面的解读，同时也对农林牧副渔如何传承《齐民要术》进行较为全面的探讨；地域性浓：即指贾思勰故里寿光人探求贾学真谛的典型案例，从王乐义“日光温室蔬菜大棚”诞生，到“果王”蔡英明——果树“一边倒”技术传播，再到庄园饮食——“齐民大宴”，及“齐民思酒”的制曲酿造等，突出了寿光地域特色，展示了现代农业的创新成果；形式活泼：即指“三辑”各辑都有不同的侧重点，但分册内容类别性质又有相同或相近之处，每分册的语言尽量做到通俗易懂，图文并茂，以引起读者的研读兴趣。

鉴于以上原因，本人愿意为该丛书作序，望该套丛书早日出版面世，进一步弘扬中华农业文明，并发挥其经济效益和社会效益。

（南京农业大学中华农业文明研究院院长、教授、博士生导师）

2017 年 3 月

序 三

寿光市位于山东半岛中北部，渤海莱州湾南畔，总面积2 072平方千米，是“中国蔬菜之乡”“中国海盐之都”，被中央确定为改革开放30周年全国18个重大典型之一。

寿光乾坤清淑、地灵人杰。有7 000余年的文物可考史，有2 100多年的置县史，相传秦始皇筑台黑冢子以观沧海，汉武帝躬耕洰淀湖教化黎民，史有“三圣”：文圣仓颉在此创造了象形文字、盐圣夙沙氏开创了煮海为盐的先河，农圣贾思勰著有世界上第一部农学巨著《齐民要术》，在这片神奇的土地上，先后涌现出了汉代丞相公孙弘、徐干，前秦丞相王猛，南北朝文学家任昉等历史名人，自古以来就有“衣冠文采、标盛东齐”的美誉。

食为政之首，民以食为天。传承先贤“苟日新，日日新，又日新”的创新基因，勤劳智慧的寿光人民以“敢叫日月换新天”的气魄与担当，栉风沐雨、自强不息，创造了一个又一个绿色奇迹，三元朱村党支部书记王乐义带领群众成功试种并向全国推广了冬暖式蔬菜大棚，连续举办了17届中国（寿光）国际蔬菜科技博览会，成为引领现代农业发展的“风向标”。近年来，我们深入推进农业供给侧结构性改革，大力推进旧棚改新棚、大田改大棚“两改”工作，蔬菜基地发展到近6万公顷，种苗年繁育能力达到14亿株，自主研发蔬菜新品种46个，全市城乡居民户均存款15万元，农业成为寿光的聚宝盆，鼓起了老百姓的钱袋子，贾思勰“岁岁开广、百姓充给”的美好愿景正变为寿光大地的生动实践。

国家昌泰修文史，披沙拣金传后人。贾思勰与《齐民要术》研究会、潍坊科技学院等单位的专家学者呕心沥血、焚膏继晷，历时三年时间撰写的这套三辑

15分册，近400万字的《中华农圣贾思勰与〈齐民要术〉研究丛书》即将面世了，丛书既有贾思勰思想生平的旁求博考，又有农圣文化的阐幽探赜，更有农业前沿技术的精研致思，可谓是一部研究贾思勰及农圣文化的百科全书。时值改革开放40周年之际，它的问世可喜可贺，是寿光文化事业的一大幸事，也是贾学研究具有里程碑意义的一大盛事，必将开启贾思勰与《齐民要术》研究的新纪元。

抚今追昔，意在登高望远；知古鉴今，志在开拓未来。寿光是农业大市，探寻贾思勰及农圣文化的精神富矿，保护它、丰富它并不断发扬光大，是我们这一代人义不容辞的历史责任。当前，寿光正处在全面深化改革的历史新方位，站在建设品质寿光的关键发展当口，希望贾思勰与《齐民要术》研究会及各位研究者，不忘初心，砥砺前行，以舍我其谁的使命意识、只争朝夕的创业精神、踏石留印的务实作风，“把跨越时空、超越国度、富有永恒魅力、具有当代价值的文化精神弘扬起来”，继续推出一批更加丰硕的理论成果，为增强国人的道路自信、理论自信、制度自信、文化自信提供更加坚实的学术支持，为拓展农业发展的内涵与深度不断添砖加瓦，为在更高层次上建设品质寿光作出新的更大贡献！

（中共寿光市委书记）

2017年3月

前言

贾思勰在《齐民要术·种谷第三》中说："食者民之本，民者国之本，国者君之本"。又说"为治之本，务在安民；安民之本，在于足用；足用之本，在于勿夺时；勿夺时之本，在于省事；省事之本，在于节欲；节欲之本，在于反性"。朝代有更替，时空虽变换，而足用安民思想，永世不变。

当今时代，足用安民思想，却又赋予了创新内涵。机械化使农民能耕种更多的土地，技术创新使农民可生产更多的农产品，信息和物资的高速流通使农产品变成了商品，农产品数量已不再是衡量贫富的标准。这种由足用安民到富足安民的过渡，贾思勰在《齐民要术·货殖》中已有预见性论述。

民生有三大产业：农业、工业和商贸，农业为第一产业。

农业有三大项目：种植、养殖和加工，种植为第一大项。

种植获利有四个因素：产前选项、产中技术、产中管理和产后营销。

第一，不高价，是因为产前的选项不准确。贾思勰在《齐民要术》中说："种蓝十亩，敌谷田一顷"，而种紫草，则又"其利胜蓝①"。

第二，不高产，是因为产中的技术不先进。贾思勰在《齐民要术》中，有关技术的篇幅占绝大部分。

第三，不省钱，是因为产中的管理误工。农业生产最大的投入不是施肥、浇水、打药、地租等，而是雇工。如何节省雇工开支？一是器械使用：贾思勰在《齐民要术》中说："九真庐江不知牛耕，每致困乏"；二是管理不怠：贾思勰在《齐民要术》中说："盖言勤力可以不贫"；三是简化技术：贾思勰在《齐民要

① 蓝：指蓼蓝，一年生草本植物，可制蓝靛

术》中，每项技术都力求简单实用，以便于文化程度不高的广大农民应用。

第四，不增值，是因为产后不懂营销。贾思勰在《齐民要术》中说：“舍本逐末，圣者所非，日富岁寒，饥寒之渐，故商贾之事，阙而不录”。又说“以贫求富，农不如工，工不如商，刺绣文不如倚市门”。第一段文字的意思是：农产品来自于生产，生产是本，营销是末，应重本而轻末。第二段文字的意思是：营销虽然不是本，但营销比生产更容易致富。

农民需要卖高价，却掌握不了产前选项诀窍；农民需要获高产，却掌握不了那些复杂的技术；农民需要省工省钱，却掌握不了产中管理办法；农民需要市场畅销，却掌握不了产后营销技巧，更何况他们文化程度不高而且又缺少时间和资金呢？

本书以较短的篇幅，为农民兄弟提供了至简至易的创新思路和办法，让他们一看就懂，一学就会，闲来无事看上一篇就能入门。让他们从“庄稼不收年年种”的无助心态中解脱出来，让他们从高投入、低产出和沉重的劳动中解脱出来。

受水平所限，不当及错误之处在所难免，望读者朋友批评指正。

著　者

2016 年 12 月

目 录

第一章　产前选项创新 ……………………………………………… (1)
第一节　足用安民与产前选项 ……………………………………… (1)
第二节　产前选项的8个误区 ……………………………………… (4)
一、包回收不保险 …………………………………………………… (4)
二、包产量不可能 …………………………………………………… (6)
三、听人言不可靠 …………………………………………………… (6)
四、搞试验不成功 …………………………………………………… (7)
五、物稀不一定贵 …………………………………………………… (8)
六、有规模不一定对 ………………………………………………… (9)
七、保守不一定稳 …………………………………………………… (10)
八、梦想不一定能实现 ……………………………………………… (12)
第三节　产前选项与市场 …………………………………………… (13)
一、小市场选项：即小项目品种和种的选择 ……………………… (13)
二、大市场选项：即大项目种植类别的选择 ……………………… (15)
三、特品市场选项 …………………………………………………… (17)
第二章　产中技术创新——施肥技术 ……………………………… (19)
第一节　古代施肥 …………………………………………………… (19)
第二节　现代施肥的演变与误区 …………………………………… (20)
第三节　平衡施肥的基本原理 ……………………………………… (22)
一、养分归还原理 …………………………………………………… (22)
二、最小养分原理：即缺素危害 …………………………………… (22)
三、养分拮抗原理：即过量危害 …………………………………… (22)
四、报酬递减原理 …………………………………………………… (23)

五、综合因子原理 ……………………………………………………（23）
第四节　植物必需元素和有益元素 ………………………………（23）
一、必需元素 ……………………………………………………（23）
二、有益元素 ……………………………………………………（26）
第五节　元素缺乏和过量的危害症状 ……………………………（27）
一、缺素症状 ……………………………………………………（27）
二、过量症状 ……………………………………………………（28）
第六节　土壤和肥料中的元素 ……………………………………（30）
一、土壤中的元素 ………………………………………………（30）
二、肥料中的元素 ………………………………………………（32）
第七节　施肥量的确定 ……………………………………………（36）
一、不合理施肥量 ………………………………………………（36）
二、合理施肥量 …………………………………………………（36）
第八节　底肥、追肥和根外肥 ……………………………………（38）
一、底肥 …………………………………………………………（38）
二、追肥 …………………………………………………………（39）
三、根外肥 ………………………………………………………（39）
第九节　施肥与重茬障碍 …………………………………………（40）
一、重茬障碍三大表现：烂根死棵、发育不良、低产 ………（40）
二、重茬障碍的四大原因（重茬障碍不一定是由重茬引起） …………（41）
第十节　四肥平衡解重茬 …………………………………………（42）
一、氮、磷、钾肥 ………………………………………………（43）
二、中微肥 ………………………………………………………（43）
三、钙肥 …………………………………………………………（44）
四、有机肥 ………………………………………………………（45）
附 1. 生物菌肥……………………………………………………（46）
附 2. 壮根肥和叶肥………………………………………………（49）
第十一节　各类植物平衡施肥 ……………………………………（49）
一、果树类（早熟品种，包括大棚果）…………………………（49）
二、果树类（中晚熟品种） ……………………………………（50）
三、果菜类（长期生长型） ……………………………………（50）
四、果菜类（短期生长型） ……………………………………（51）
五、叶菜类 ………………………………………………………（51）
六、根菜类 ………………………………………………………（51）

七、禾谷类 …… (52)
八、豆科类 …… (52)
九、棉花 …… (53)
十、油菜 …… (53)
十一、烟叶 …… (53)
十二、芦笋 …… (53)
十三、桑叶和茶叶 …… (54)
第十二节 无土栽培 …… (54)
一、无土栽培的优点 …… (54)
二、无土栽培的方法 …… (54)
三、无土栽培的基质 …… (54)
四、无土栽培的营养液配制 …… (55)
附：常用化肥的简易鉴别 …… (55)
第三章 产中技术创新——病虫害防治技术 …… (57)
第一节 古代的病虫害防治 …… (57)
第二节 现代的病虫害防治 …… (58)
植物病害防治 …… (58)
一、生理病 …… (58)
二、病毒病 …… (61)
三、细菌病 …… (62)
四、真菌病 …… (63)
附：线虫病和寄生植物病 …… (67)
植物虫害防治 …… (67)
一、分类用药防治 …… (67)
二、农业生产防治 …… (69)
第四章 产中技术创新——果树技术 …… (71)
第一节 古代果树技术 …… (71)
第二节 果树技术创新 …… (73)
一、干性果树“一边倒”技术 …… (74)
二、蔓性果树“一边倒”技术 …… (91)
三、满透平技术 …… (105)
第五章 产中技术创新——大棚蔬菜技术 …… (108)
第一节 《齐民要术》的贡献 …… (108)
第二节 大棚蔬菜技术并不神秘 …… (110)

第三节　冬暖棚建造技术………………………………………………（111）
一、冬暖棚基本要求……………………………………………………（111）
二、棚基设计……………………………………………………………（111）
三、棚墙设计……………………………………………………………（112）
四、棚面设计……………………………………………………………（112）
五、后坡设计……………………………………………………………（114）
六、立柱设计……………………………………………………………（114）
七、棚膜选择……………………………………………………………（117）
八、黏膜上膜……………………………………………………………（118）
九、增光保温设计………………………………………………………（119）
十、卷帘机安装…………………………………………………………（120）
十一、路渠设计与棚体保护……………………………………………（121）
第四节　拱棚建造技术…………………………………………………（121）
一、拱棚基本要求………………………………………………………（121）
二、棚基设计……………………………………………………………（121）
三、棚墙设计……………………………………………………………（122）
四、棚面设计……………………………………………………………（122）
五、立柱设计……………………………………………………………（123）
六、棚膜选择……………………………………………………………（125）
七、黏膜上膜……………………………………………………………（126）
八、保温设计……………………………………………………………（126）
九、卷帘机安装…………………………………………………………（127）
第五节　育苗技术………………………………………………………（127）
一、育苗的意义与壮苗标准……………………………………………（127）
二、种子育苗……………………………………………………………（128）
三、嫁接育苗……………………………………………………………（134）
四、分株与扦插育苗……………………………………………………（135）
第六节　栽植技术………………………………………………………（136）
一、移栽苗龄……………………………………………………………（136）
二、栽植方式……………………………………………………………（137）
三、缓苗与蹲苗…………………………………………………………（139）
四、特殊问题处理………………………………………………………（139）
第七节　改良土壤………………………………………………………（140）
一、解决土壤板结………………………………………………………（140）

二、解决土壤盐化……………………………………………………………… (140)
三、解决土壤酸化……………………………………………………………… (141)
四、解决土壤养分失衡………………………………………………………… (141)
五、解决土壤毒素聚集………………………………………………………… (142)
六、解决土壤病虫害聚集……………………………………………………… (142)
第八节　植株调控……………………………………………………………… (142)
一、吊蔓………………………………………………………………………… (142)
二、压蔓………………………………………………………………………… (143)
三、摘心和抹杈………………………………………………………………… (143)
四、打老叶……………………………………………………………………… (143)
五、疏果………………………………………………………………………… (143)
六、适时采收…………………………………………………………………… (144)
七、使用叶肥和调节剂………………………………………………………… (144)
第九节　光照调控……………………………………………………………… (145)
一、蔬菜对光强的要求………………………………………………………… (145)
二、蔬菜对光质的要求………………………………………………………… (145)
三、蔬菜对光照时间的要求…………………………………………………… (146)
四、增光措施…………………………………………………………………… (146)
五、挡光措施…………………………………………………………………… (147)
第十节　温度调控……………………………………………………………… (147)
一、蔬菜对气温的要求………………………………………………………… (147)
二、蔬菜对昼夜温差的要求…………………………………………………… (148)
三、蔬菜对地温的要求………………………………………………………… (149)
四、高温和低温危害…………………………………………………………… (149)
五、保温措施…………………………………………………………………… (149)
六、降温措施…………………………………………………………………… (150)
第十一节　湿度调控…………………………………………………………… (150)
一、蔬菜对土壤湿度的要求…………………………………………………… (150)
二、蔬菜对空气湿度的要求…………………………………………………… (151)
三、土壤湿度的调控…………………………………………………………… (151)
四、空气湿度的调控…………………………………………………………… (152)
第十二节　气体调控…………………………………………………………… (152)
一、蔬菜对二氧化碳的要求与调控…………………………………………… (152)
二、蔬菜对氧气的要求与调控………………………………………………… (153)

三、毒气的危害与消除……（154）
第六章　产中管理创新……（155）
第一节　《齐民要术》极其重视产中管理……（155）
一、管理要不偷懒……（155）
二、管理要不窝工……（156）
三、管理要不误农时……（156）
四、管理要利其器……（156）
第二节　管理之道……（156）
一、改变生产方式……（157）
二、招工方法……（158）
三、管人方法……（158）
第七章　产后营销创新……（160）
第一节　《齐民要术》的营销观念……（160）
第二节　产后营销……（161）
一、强强联手……（161）
二、建基地……（162）
三、树大旗……（162）
四、广宣传……（162）
五、找群体……（162）
六、专卖店……（162）
七、兵贵速……（163）
八、出奇兵……（163）
九、打品牌……（164）
第三节　产业化形成稳固的市场……（165）
一、产业化形成的市场因素……（165）
二、产业化形成的龙头因素……（165）
三、产业化形成的政府因素……（165）
参考文献……（166）
后记……（167）

第一章

产前选项创新

第一节　足用安民与产前选项

《齐民要术》全书十卷，先记述主食谷物，再记述佐餐蔬菜，再记述副食果品，记述了吃的再记述植桑衣着，再记述植林建造，再记述养殖（其中大家畜只讲役用而不讲宰杀），最后记述农产品加工和贮存。吃穿住用，主次分明，可见作者用心良苦。

《齐民要术》的思想精髓是足用安民，通篇所讲都是如何让民足用。足用安民思想，不只是谷物要足用，其他产品也要足用，某种产品稀缺，该产品就不可能足用。为了达到足用，应依据市场需求选择种植项目，因此贾思勰在《齐民要术》中说："种蓝十亩，敌谷田一顷"，而种紫草，则又"其利胜蓝"。

贾思勰的《齐民要术》满是足用安民思想。"食者民之本，民者国之本，国者君之本。是故人君上因天时，下尽地利，中用人力，是以群生遂长，五谷蕃殖。教民养育六畜，以时种树，务修田畴，滋殖桑麻。肥墝高下，各因其宜。丘陵、孤险不生五谷者，树以竹木。春伐枯槁，夏取果蓏，秋畜蔬食，冬伐薪蒸，以为民资。是故生无乏用，死无转尸"。引用《管子》曰："仓廪实，知礼节；衣食足，知荣辱"。引用晁错曰："圣王在上，而民不冻不饥者，非能耕而食之，织而衣之，为开其资财之道也。……夫寒之於衣，不待轻暖；饥之依食，不待甘旨。饥寒至身，不顾廉耻。一日不再食则饥，终岁不制衣则寒。夫腹饥不得食，体寒不得衣，慈母不能保其子，君亦安能以有民？……夫珠、玉、金、银，饥不可食，寒不可衣。……粟、米、布、帛，……一日不得而饥寒至。是故明君贵五谷而贱金玉。”引用刘陶曰：“民可百年无货，不可一朝有饥，故食为至急”。引用陈思王曰：“寒者不贪尺玉而思短褐，饥者不愿千金而美一食。千金、尺玉至贵，而不若一食、短褐之恶者，物时有所急也”。引用《论语》曰：“百姓不足，君孰与足？”引用汉文帝曰：“朕为天下守财矣，安敢妄用哉！”引用《管子》曰：“桀有天下，而用不足；汤有七十二里，而用有馀。天非独为汤雨菽、粟也。”

当今时代，足用安民思想，却又赋予了创新内涵。机械化大生产和创新技术，生产出了更多的产品。高速发达的交通物流和信息通讯，使地球变成了小村庄。世界经济全球化、区域经济一体化，使一切产品都变成了商品。既然农产品是商品，如果滞销卖不了，产品足用又岂能安民？现今农民人均只有一亩（1 亩≈666.7m^2）多地，种植普通粮食作物，即使获得大丰收，这一亩多地的纯收入也只有一千元左右，而进城务工的年收入可达几万元，差距如此之大，粮食足用又岂能安民？因此足用已不能安民，只有富足才能安民，富足就要获利。

其实贾思勰的《齐民要术》又满是富足安民思想。“殷周之盛，诗书所述，要在安民，富而教之”。“猗顿，鲁穷士，闻陶朱公富，问术焉。告之曰：‘欲速富，畜五牸’。乃畜牛羊，子息万计”。“颜斐为京兆，乃令整阡陌，树桑果；又课以闲月取材，使得转相教匠作车；又课民无牛者，令畜猪，投贵时卖，以买牛。始者民以为烦，一二年间，家有丁车、大牛，整顿丰足”。“李衡於武陵龙阳泛洲上作宅，种甘橘千树。临死敕儿曰：‘吾州里有千头木奴，不责汝衣食，岁上一匹绢，亦可足用矣。’吴末，甘橘成，岁得绢数千匹。恒称太史公所谓‘江陵千树橘，与千户侯等’者也”。“如去城郭近，务须多种瓜、菜、茄子等，且得供家，有馀出卖。只如十亩之地，灼然良沃者，选得五亩，二亩半种葱，二亩半种诸杂菜；似校平者种瓜、萝卜。其菜每至春二月内，选良沃地二亩熟，种葵、莴苣。作畦，栽蔓菁，收子。至五月、六月，拔诸菜先熟者，并须盛裹，亦收子讫。应空闲地种蔓菁、莴苣、萝卜等，看稀稠锄其科。至七月六日、十四日，如有车牛，尽割卖之；如自无车牛，输与人。即取地种秋菜”。引用谚曰：“一年之计，莫如树谷；十年之计，莫如树木”。“陆地，牧马二百蹏（孟康曰：五十匹也。蹏，古蹄字）；牛蹏、角千（孟康曰：一百六十七头。牛马贵贱，以此为率）；千足羊（师古曰：凡言千足者，二百五十头也）；泽中，千足彘；水居，千石鱼陂（师古曰：言有大陂养鱼，一岁收千石。鱼以斤两为计）；山居，千章之楸（楸任方章者千枚也）；安邑千树枣；燕、秦千树栗；蜀、汉、江陵千树橘；淮北荥南济、河之间千树楸；陈夏千亩漆；齐鲁千亩桑麻；渭川千亩竹；及名国万家之城，带郭千亩亩锺之田（孟康曰：一锺受六斛四斗。师古曰：一亩收锺者，凡千亩），若千亩栀、茜（孟康曰：茜草、栀子，可用染也），千畦姜、韭：此其人，皆与千户侯等。

古时足用即可安民，但是贾思勰的《齐民要术》，早就论证了富足安民之策，只是历史还没有发展到今天这一步。

种植获利有四个因素：产前选项、产中技术、产中管理和产后营销。产前会选项可以卖高价，产中会技术可以获高产，产中会管理可以省工省钱，产后会营销可以增值。如果产前选项不准，产品不适应市场需求，那么产中技术、产中管理和产后营销就没有多大意义。

有人说技术最重要，其实技术只是初级境界。第一，技术能增产，但技术增产是有限度的，增产一倍极难。例如小麦一般亩产 500 千克左右，你无论如何也达不到 1 000千克；例如马铃薯一般亩产 3 500千克左右，你不可能超过 7 000千克；例如苹果一般亩产 5 000千克左右，你很难超过 10 000千克。第二，技术能改善品质，但不能从根本上改变，因为技术不能使小型果变成大型果，技术不能使酸涩果变成香甜果，技术不能使绿果变成红果，技术不能使软果变成硬果。先栽苗后学技术不算太晚，但是栽上苗再换品种可就后悔也来不及了。

产前选项才是更高境界，因为产前选项能使市场价格上下浮动几倍，甚至几十倍。

以大葱为例：2007—2009 年（2～4）元/千克，种植户大赚。2010 年只卖 0. 2 元/千克，种植户大亏。2011 年大葱上市时仍是 0. 2 元/千克，种植户急于抛售，然而几个月后，春节一过，价格陡然升至 4. 4 元/千克，差价高达 22 倍。

以大姜为例：2008—2010 年，连续三年（8～10）元/千克，2011—2012 年只卖（0. 5～0. 7）元/千克，2013 年大姜上市时（2～3）元/千克，6 个月后售价高达 16 元/千克。

以大蒜为例：2004 年 6 元/千克，应该种大蒜；2005—2007 年（0. 1～0. 2）元/千克,就不该种大蒜；2008—2010 年（10～15）元/千克，那就太应该种大蒜了。

以大棚茄子为例：1997 年亩收入 1 万元，此后连续涨价十年，2007 年亩收入 5 万元，这十年就该种茄子。但 2008 年亩收入只有 1 万元，就不该种茄子。2009 年亩（1 亩≈667 平方米。全书同）收入 10 万～15 万元，就应该拼命种茄子。

以秋季菠菜为例：2007 年 8 元/千克，2008 年 0. 08 元/千克，价格回落 100 倍。2009 年 10 元/千克，价格飙升 100 倍以上。2009 年已达价格高峰，按常理 2010 年价格应该回落，然而出乎意料的是，2010 年价格继续攀高，价格高达 10 元/千克以上，简直不可思议。

因此，产前选项才是更高境界，产前选项比产中技术更加重要。农民搞生产最需要的不是技术，而是产前选项。当你向农民推荐种植项目时，农民第一句话就是：到哪卖？卖给谁？你们回收吗？

农民挣钱来之不易，靠面朝黄土背朝天的沉重劳动挣来的这点血汗钱，是不敢轻易去冒风险的，一旦市场看走了眼而导致失败，有人就会嘲笑说："怎么样？失败了吧？我早就知道不行。"因此，农民养成了一种根深蒂固的观念："人家种啥咱种啥，亏了本人家不笑话。"这种顽固的落后观念不改变必然注定受穷，可是一不小心走入市场误区又会穷上加穷。农民真难啊！中青年劳动力干脆不当农民了，进城去打工。于是，中国农村迅速进入了老龄化，10 年之后，谁来种地？即使将土地集中起来由少数人经营，又到哪里雇工？因此，农民要想生存，要想过的好，必须要获利，必须在土地上找到赚钱的出路，搞生产的第一步就是学会产前选项。这第一步对粮、棉、菜等来说，就注定了全年的成败；这第一步对果树来说，就注定了 20 年的成败。农民实在是经不起瞎折腾啊！折腾一年，温饱不全。

产前选项的目标是什么？是种苗还没往地里栽种，就已找准了市场；就是农产品一上市，就有客商上门高价求购。

今年卖高价的农产品，明年可能继续卖高价，也可能不值钱。

今年不值钱的农产品，每年可能继续不值钱，也可能卖高价。

连续 3 年卖高价的农产品，第四年可能继续卖高价，也可能不值钱。

连续 3 年不值钱的农产品，第四年可能继续不值钱，也可能卖高价……

农民云里雾里，满目迷惑，不知如何是好，真可谓"不识庐山真面目，只缘身在此山中"。多数农户无奈之余，只有循规蹈矩，庄稼不收年年种。个别农户不甘心，于是凭侥幸、猜一局、赌一把，猜准了就算赌赢了，猜错了认输。

产前选项不是今年市场上需要啥就种啥，而是将来市场上需要啥就种啥。种苗下地之时，就摸透了农产品上市后的行情，提前预知市场价格走势，你还失败吗？你战无不胜，攻无不克，打遍天下无敌手。你可能要问：这不未卜先知吗？是的，因为市场有规律可循。

有人问我今年种啥好，我告诉他，他明年还问我，于是我一概不回答。我教会你捕鱼的办法，你按我的办法去捕鱼，可不是让我亲自为你捕鱼。我把这其中的奥妙教给你，你动动脑筋，会豁然开朗。

第二节　产前选项的 8 个误区

一、包回收不保险

有的农民说："回收产品我就发展，不回收产品我就不发展"。这样的农民自以为聪明，你说他傻吧，他还不愿意，其实最容易上当。

第一，产品价格是回收者说了算，你说了不算，包回收永远不会叫你赚大钱。公司+基地+农户的经营模式，是由公司承担市场风险，公司必然赚大头。公司为农户降低了风险，所以农户永远赚不了大钱。

第二，咱不说绝对了，凡是大范围包回收产品的客商十有八九是骗子，为什么呢？一想就知道：客商在各地推广，产品生产出来后再派人派车到各地收回来，这得多大的费用？客商不在某地集中发展，而是各地分散发展，你说那个客商傻了是吧！

天上不会掉馅饼，包回收并没有给你上保险，所谓订单农业有时候只不过喊喊口号而已。有家《农业科技报》登了几个例子大家看一看：

某地推广白菜良种，种子30元一份，与农民签订包回收合同。等到白菜收下来，却找不到卖种子的人。

某地推广南瓜种，合同要求种植户先交种子费0.5元/粒，收获时再按每粒种子先送给客商一个南瓜，其余南瓜按合同规定价格包回收。可是到了收获季节，种植户突然发现每棵秧只结一个南瓜。种植户只好自认倒霉，不敢去找客商回收，因为找到客商履行合同，种植户一个瓜也不剩，全部白送给客商还不够。

某地推广我国台湾大青枣，合同要求种植户先交苗木费20元/株。到了收获时种植户发现产量极低，但好在客商认真履行合同，高价回收，让种植户一下子挣了2万多元。客商对种植户说：你今年没管好，产量不高，明年好好管，亩产达到3 000千克以上，你挣他个几十万不成问题。种植户大喜过望，到处义务宣传，而且上电视上报纸为客商树立形象，引起大量农户关注，纷纷掏钱购买苗木。第二年怎样？一亩地只回收25千克，理由是产品达不到标准。

骗子抛出的那类货色，换个技巧，以新的包装出现，农民仍然上当受骗。妖精每变化一次总能迷住唐僧，有的农民朋友还不如那个唐僧。有的农民被骗得多了，不是认真思考去识别骗术，而是长了傻“心眼”了，人家说得天花乱坠，他这里无动于衷，这个耳朵进，那个耳朵出，真的假的一概排斥。这样也不好，一概都拒绝还怎么发展呢？

真正包回收的客商有没有？也有，也不都是骗子。但是跨很多地区大范围包回收的几乎没有。有些客商包回收，第一年让少量农户挣到钱，好让别人跟着发展，发展多了他再高标准低价格回收。农民希望包回收，是把希望寄托在别人身上，可那是客商说了算，你说了不算，你赚不了多少钱。

农民兄弟，你不要把包回收看得太重，要学会分析市场，市场需要什么，你就发展什么，你就可以拥有市场。你的农产品上市卖高价，还用回收吗？他们回收你还不卖呢。那么，如何分析市场呢？请让我来帮助你。

二、包产量不可能

某人推广大棚桃树，为了吸引农户购买他的桃树苗，广告宣称包技术、包产量，亩产万斤，签订合同。这一下子给种植户吃了定心丸，连想都不想就买了他的桃树苗。

这是明显的骗人技巧，人们竟然识破不了。要获得高产有 3 个条件：一是技术指导，二是生产管理，三是环境条件。

你想想，你因事耽误了施肥，耽误了浇水，耽误了打药，耽误了放风，耽误了……等等，都会影响产量，你说如何包产？

你再想想，你就是没有耽误生产，某人也有理由，他会说你那里气候不适，环境不宜。

三、听人言不可靠

听人言一是听信广告宣传，二是听信专家。

1. 咱们先说一说广告宣传

山东某人，靠媒体记者等帮衬，在电视台等媒体大作宣传，推广大棚桃树，吹嘘大棚桃如何高效，诱导参观者络绎不绝。几年下来，他就买了楼和高级汽车，有了钱腰大气粗，那气派简直大的不可一世，那阵势还真把人给唬住了，纷纷掏钱买他的桃树苗。这个山东某人发大了，而那些大棚桃种植户没有几个赚钱的。

你想想，凡是广告都说的天花乱坠，缺点只字不提。桃子的果皮上有气孔，蒸发水分，成熟后如果不采收，则根系吸收的水分继续供给果实，因此有的品种成熟后一个多月不软。然而桃子一旦采下来，断了水源，很快失水变软，货架期很短，5 天左右就软就烂了，超市不敢高价销售，客商不出高价收购，因此农户卖不了高价。

你再想想，山东某人只有几个大棚，把这几个大棚生产的桃子卖掉，能换几个钱？能换来楼和高级汽车吗？他赚的钱哪来的？是卖桃苗赚来的，而不是卖桃子赚来的。

听信广告宣传也是可以的，但你不要迷信广告宣传。你就抱定一句话：发布广告宣传的人，他自己不大量发展的，你就画个问号想一想。

2. 咱们再说一说专家

地方政府和公司企业，发展项目时怕出失误，因而听取专家论证，结果还是失误，为什么？

山东日照有个老板，流转承包了几百亩土地，请国内几个权威研究机构的高级专家，策划设计了几套方案。该老板每拿到一个设计方案，都提出一个要求："你们是国内权威科研机构，你们给我设计的方案肯定是科学的吧，那么科学的就是合理的，合理的就是成功的，成功的就是赚钱的。你们肯定策划设计过很多成功的园区，因为你们是权威机构，能否让我参观一个赚钱的园区？"。这些权威研究机构的高级专家们哑口无言，因为这些权威专家是理论专家，虽然高高在上，近水楼台，却是纸上谈兵，不懂实战。

什么是实战专家？上了讲台一身汗，下了田野一身泥；上了讲台是赢得掌声的教授，下了田野是实实在在的农民。他能预知市场需要什么，能创造新技术快速获得高产，还懂得营销策划卖高价。

专家不会预测市场，他的选项大打折扣。专家不会预算投入产出，他的分析报告大打折扣。专家不会种地，他的技术大打折扣。专家不会指挥人，他的管理大打折扣。专家不会营销，他的策划设计大打折扣。

你想想，专家自己的园区不赚钱，怎能让你赚钱？专家为别人策划设计的园区不赚钱，怎能让你赚钱？专家为别人指导的园区不赚钱，怎能让你赚钱？

听信专家也是可以的，但你不要迷信专家。你就抱定一句话：专家自己的园区、或专家为别人策划设计的园区、或专家为别人指导的园区，你亲自去看看，如果不高产不赚钱，你就画个问号想一想。

四、搞试验不成功

有的人说："这个品种或这项技术在咱们这里试种成功没有？"说这话好象是不试种就不能发展！这话乍一听好象很有理，其实不但没有道理，而且有时很谬论。如果是专家持这种论点，就会误导农民。试举几例说明：

20 世纪 80 年代中期，寿光县经权威专家论证后，发展一红一绿两个苹果品种，坚决反对发展红富士苹果，说是要坚决为农民负责，不试种就不许推广红富士。他们的责任心竟然感动得广大果农热泪直流，于是，红富士苹果不试种就不能发展的论调一传十、十传百地在全县传播开来。6 年后，凡是种红富士的农户都发了大财，而一红一绿两个苹果品种都不值钱，此时寿光县的农户才后悔当初没栽红富士，突然像"觉醒"了一样，一窝蜂大面积栽植红富士，跟随全国形势超规模发展。又过了 6 年，红富士刚刚投产就不值钱了。你想想：第一，红富士原产日本，日本多雨能种，同一纬度的中国少雨更有利于种植；第二，红富士苹果适应性极强，苹果主栽区几乎都能栽植红富士，而且寿光县所在的区域正是主栽区；第三，周边的相邻的县都能栽植红富士，而寿光县却一定要搞试验，真的叫人不可思议了。

2004 年，有个农户问："大棚桃在开封市试种成功了吗？"笔者告诉他："开

封东边的商丘、西边的郑州、南边的周口、北边的新乡都已成功发展大棚桃多年，周边县市都成功了，你说开封市能不能成功呢？还需要试种吗？”

2005年，有个农户问：“陕西省蓝田县栽果树能不能采用“一边倒”技术？”笔者告诉他：“第一，蓝田县栽果树能用12~15个主枝的纺锤形，能用5~7个主枝的分层形，能用3~4个主枝的开心形，能用2个主枝的‘Y’形，难道1个主枝的一边倒形在蓝田县不能用吗？第二，山东省能用的树形，陕西省都能用。山东省能用的一边倒形，难道陕西省不能用吗？第三，与蓝田仅有百里之遥的咸阳市、与蓝田仅有几十里路之遥的西安市未央区都能用一边倒形，难道蓝田县不能用吗？

只要搞试验，就一定耽误时间，市场机遇稍纵即逝。市场如战场，都讲一个“谋”字，出奇才能制胜。你具备而别人不具备，才能以己之长，攻人之短。有些事只要相互比较一下，一想就知道行不行，根本不必搞试验，否则就太教条太保守了。你记住三句话：第一句是历史上能种的某种植物，现今通常就能；第二句是周边能种的某种植物，本地通常就能；第三句是技术通常不用试验，照搬照做就行。

有的农民总希望先让别人搞试验，试验成功了他再发展，自以为这样保险，其实他已经比别人晚了一步，还有啥保险可言？踩着别人的脚印走，岂能致富？别人比你富裕，是因为别人在你之前想到，在你之前做到，在你之前得到。

五、物稀不一定贵

物以稀为贵有两个条件，即产品优秀和市场需要。产品优秀就是好吃、好看、好用，市场需要就是求大于供。例如大樱桃之所以被称为水果之王或水果钻石，是因为樱桃好吃树难栽，近年来生产还不过剩，1千克能卖20元钱，而大棚生产的樱桃1千克卖到100~200元仍然连年热销不衰。但是产品不优秀和市场不需要，则属于睁着眼瞎爆冷门，把冷门爆成哑巴了，此时物稀就不为贵了，试举几例说明：

1991年，有人推广一种水果叫香艳梨，说是一种草本梨，又香又好看，当年栽苗当年丰收，不仅如此，而且营养价值高，还能治癌等等，被吹得神乎其神。可是人们一品尝，并不怎么好吃，像老黄瓜一样的味道，模样像茄子差不多，还不如茄子好吃。因此招致人们怀疑，治癌也就难说了，香艳梨就这样失去了市场。不久，那些推广商又生一计，将香艳梨改名为人参果，再收买一些专家和记者重新包装炒作。大家一听这名字好，唐僧吃了人参果还长生不老呢！煽动得那些城市人垂涎三尺，争相购买来吃，又火爆了一阵子，但最终还是不太受欢迎。

近十年来，我国下列水果也曾风光一时，诸如芦荟、钙果（即欧李）、火龙果、百香果、仙人掌、番木瓜、台湾大青枣等，这些种植项目都经不住考验，都下马了，为什么？因为这些东西不好吃、不好看、不好用，而且没有多大市场。这些东西纯属推广商在“炒作”种苗，睁着眼说瞎话，骗你不商量。

农民兄弟们，咱们经不起瞎折腾，请擦亮你的眼睛，千万不要被假象迷了心窍。

六、有规模不一定对

有的人说：“有规模才有市场”。这话太绝对了，规模确实能形成市场，但是不一定有规模才有市场。规模化的条件是我多人少，如果都讲规模就不是好事，都讲规模了可能会超规模，超规模就过剩不值钱。举例说明：

1986 年红富士苹果售价 20 元/千克，专家们不是引导农户因地制宜、适地适栽，而是让农户搞试验，6 年后果然试验成功。其实，成功与否，不用试验，一想就知道。1992 年北方各省纷纷号召发展红富士，大街小巷贴标语：要想富，栽果树，要栽就栽红富士，要上就要上规模。导致超规模，又是 6 年后，全国各地纷纷砍伐。

1994 年牛蒡亩收入达 6 万元，1996 年超规模种植卖不了，牛蒡成了烧火的柴。

1997 年大姜售价（15~20）元/千克，1998 年农民抢购大姜种，超规模发展，每千克不值 2 元钱。

2000—2004 年，大棚生产的四脚菜椒价格一路攀升，以至出现了怪事，价格越高，那些城市人越抢购，致使产地收购价一度达到 36 元/千克。2004 年菜农纷纷种植，一株秧苗价格高达 1 元以上，而且供不应求。结果到 2004 年底，换回成本的几乎没有。

2002 年秋季菠菜售价高达 8 元/千克，2003 年菠菜种子被高价抢购一空，这年秋季菠菜每千克仅卖 8 分钱。

2002 年胡萝卜一季收入 3 000元/亩，2003 年种植胡萝卜收入更高。2004 年各地一窝蜂号召规模化种植胡萝卜，结果血本无归，有的农户竟用拖拉机将胡萝卜翻入地中。

2002 年棉花开始涨价，2003 年棉花收购价格达到（7~8）元/千克，于是各地皆大面积种植棉花，以致于 2004 年的棉花价格回落至 4 元/千克左右，而且许多产棉区又适逢阴雨连绵，这些地区的绵农纷纷亏本，叫苦不迭。

总之，什么东西被“炒”热了，离饱和已为时不远了。前几年速生杨树“炒”得很热，说是一年保本、二年收益、三年小康、四年富裕、五年暴富，结果怎样？一目了然！当某一项目被“炒”昏了头，大家都在津津乐道、跃跃欲试时，大风险已悄悄来临了，此时再有媒体记者、权威专家、单位领导等社会各界纷纷参与，那么为时不久，必然会发生超规模过剩的灾难。

七、保守不一定稳

保守者保守什么呢？一是保守老品种，二是保守老技术。

1. 先以保守老品种为例

有人说新品种不一定好，对！但最好的品种永远在新品种里边，如果最好的品种不在新品种里边，科学家就不用再研究新品种了。谁保守老品种，谁保证赚不了更多的钱。弯黄瓜好卖，还是直黄瓜好卖？酸涩苹果好卖，还是香甜苹果好卖？好看的桃好卖，还是难看的桃好卖？你一想就知道。

山东五莲人，因为种植小国光苹果赚了钱，所以就偏爱小国光苹果。20 世纪 80 年代后期，红富士苹果价格是小国光 10 倍的时候，五莲人还标榜：“烟台的苹果，莱阳的梨，五莲的小国光不用提”，五莲方言“不用提”就是好的意思。到了 90 年代后期，就连红富士苹果都开始大面积砍伐，小国光更是灭顶之灾，五莲人损失惨重，此后，小国光没人再提，这真应验了“五莲的小国光不用提了”。近年来，残存的小国光价格又有回升，这只不过是怀旧思想在作怪罢了，就像造反派怀念文化大革命，就像清朝的遗老遗少们怀念大清皇帝。

山东临朐人，因为种植红灯樱桃赚了钱，所以就偏爱红灯樱桃。临朐人称赞红灯樱桃又早、又大、又美，笔者对他们说：“有个新品种叫夜明珠，比红灯更早、更大、更美，而且更甜、更硬、更高产”。你猜猜，很多临朐人咋说：“你不论怎么说，红灯就是好，俺不种新品种，就种红灯”。如此保守，还真是大有人在。他不想想，20 世纪 90 年代初期，红灯刚出现时，不也是个新品种吗？

好品种就能卖高价！好品种就有好市场！市场就在品种里边！品种决定市场！你的品种最好，市场上独一无二，谁也比不了，在市场上一亮相就压倒一切，人人都伸大拇指，你的产品肯定最值钱，你保证就卖个好价钱。你甚至不用到市场上去卖，就有客商自动上门来找你，你就有了主动权，你就赢了，你还用客商包回收吗？客商包回收你还不一定卖给他呢！那时，不论有没有规模，你都能卖高价，你甚至不希望别人规模发展了！你说品种重要不重要？

有人说市场在信息里边，也对。但市场首先在产前选项中，其次在产后营销中，把握信息只是营销的一部分，信息是对抢占市场而言，可是你生产的果品像个驴屎蛋子一样很差劲，你就是捕捉到市场信息又能怎样？你不在产品质量上下功夫，却到处搜集市场信息，你这叫投机取巧！你还是农民吗？你已经成了专业客商了！

好品种的选择有标准吗？有。不同的产品有不同的标准。例如，粉用甘薯淀粉含量高的是好品种，而烤用甘薯的糖度含量高的是好品种。好品种是指同类产品相比较而言。

2. 再以保守老技术为例

有人说新技术不一定好，对！但最好的技术永远在新技术里边，如果最好的技术不在新技术里边，科学家就不用再研究新技术了。谁保守老技术，谁保证赚不了更多的钱。

上海有个农场生产葡萄，亩产不足2 000千克。笔者说他们产量太低，他们说："俺追求的是质量，而不是产量"。笔者说你们的质量体现在那些方面？他们说："俺的葡萄粒大、色美、甜度大"。笔者说我发明创造的小龙干技术生产的葡萄，粒更大、色更美、更香更甜，产量是你们的3倍，而且笔者用苗量更少，亩栽只须480棵，是你们用苗量的一半还不到。他们说："是同一个品种吗"？笔者说是的。他们无论如何都不相信。

国内有些新派果树专家，推广国外的矮化密植新技术，遭到老牌专家的群起而攻之。于是他们亲自搞示范，经过许多年的生产实践，证明他们推广的国外新技术确实是果树换代技术，为此新派专家一举成名，享誉业界。那时计划经济体制还没解体，政府行为仍是主导，该技术一下子就推广到北方各地。这种盲目而极速的推广方式，很快就达到了饱和，超规模发展导致果品不值钱，农户纷纷砍伐果树，劳民伤财。虽然果品不值钱，但新技术是好的。

几年后，当笔者发明创造的果树一边倒技术，再一次成为他们矮化密植新技术的换代技术，却又触动了新派专家的不平衡心理。因为笔者的"一边倒"技术至简至易、一看就懂、一学就会、一用就灵，而且投产更快、投入更少、产量更高、品种更好，农户用了这种更新的技术，就会忘掉他们推广的那种新技术，忘掉新派专家，你想那些新派专家能受得了吗？于是他们连看都不看，开口就否定，那种妒嫉不服气的心理和行为，与当初他们推广某种新技术时所遇到的一模一样。

曾经有农户对笔者说："某知名度极高的专家反对你的"一边倒"和"小龙干"，说是要把你的"一边倒"推倒呢"。笔者听了好笑好高兴，因为知名度极高的专家开始关注我的技术了，预示着我的技术将很快发扬光大。笔者对农户说："用他的技术种苹果，8年亩产1万斤，用我的"一边倒"技术4年亩产超万斤；用他的技术种核桃，8年亩产达不到1千斤，用我的"一边倒"技术4年亩产超千斤；用他的技术种葡萄，4年亩产几千斤，用我的"小龙干"技术栽植葡萄1年后年亩产超万斤。而且采用我的技术生产的果品，大、美、甜、硬；采用我的技术可以机械化生产，省工省钱。你搞好了给他看看，你就抱定一句话：眼见为实"。

新事物出现时总有人反对，不反对就不正常了。因为人们习惯了老的东西，就在老的框子里搞研究，去完善老的东西。老的东西在思想上扎了根，形成了根深蒂固的观念，就本能的排斥新的。其实，只要把复杂的事情搞简单就好，把简单的事情搞麻烦就不好。搞麻烦了不便于应用，就好比直道不走而走弯道。一门技术一门学问，到了高峰就凝练到简单，叫做“真传几句话，假传万卷书”。新的不一定好，新的不一定对，但新的又简单又合理，那么谁也阻挡不住，权威专家只能阻挡一时，阻挡不了太久，因为农户眼见为实，愿意采用，专家再阻挡就没有意义了。

八、梦想不一定能实现

明知山有虎，又没本事打虎，却偏上虎山行，愚蠢！明知实现不了，又改变不了现实，却一定要做，误区！有人失败了，就说至少还有梦，梦有啥用？理想超越现实，就受现实制约。

北京某大公司，流转承包了几千亩土地，聘请了 20 多个权威专家搞策划设计，权威专家们提议发展大棚蔬菜，可谓异口同声、众口一词，而且是振振有辞、无可辩驳，公司领导听的是神魂颠倒、如醉如痴，继之以心潮澎湃、迫不及待。公司领导拍板定案之时，笔者突然喊出：“公司生产大棚蔬菜几乎不能成功”。我话音一落，语惊四座，一帮专家向我开炮，纷纷责问我何出此言。

笔者说：“走遍全国，不论是政府园区，还是公司基地，大棚只能生产关系蔬菜、特色蔬菜、会员蔬菜，否则无一例成功”。专家们又责问：“全国著名的某县级市，政府园区或公司基地也不成功吗”？笔者说：“是的，公司贩菜赚钱，种菜都不赚钱，可以现场考查”。专家们又责问：“那为什么个体农户种植大棚蔬菜赚钱”？笔者说有 5 个现实原因，制约不了个体农户，却会制约你们的理想实现不了：

第一，生产者难管：个体农户早上 3：00 卖菜，白天劳动一天，晚上分级整理菜，自觉的工作 12 小时实属正常，起早贪黑，披星戴月，无怨无恨，而且无节假日，遇到风、雨、雷、电、冰、雪、雹、抢、盗等，自觉冲锋在前，生产行为是主动自觉的“我要干”。

而公司员工每天工作 12 小时是不可能的，人为集体做事的思想是被动的，上班偷懒，加班得给加班费，生产行为是被动的“要我干”。让员工起早贪黑，披星戴月，政府官员和公司老板都没这个觉悟，却让员工有这个觉悟，想一想就知道这是不可能的。一切行动听指挥，那是机器人，服从领导远不如自觉行动，按日计酬永远比不上按件计酬。

第二，销售者难管：个体农户早上 3：00 卖菜，在冰天雪地的严寒季节，为了一毛钱，与客商讨价还价、斤斤计较，而且卖完菜白天继续劳动。而公司的员工早上3：00卖菜，冒着刺骨的严寒，冻得哆哆嗦嗦，谁还讨价还价？客商给钱就卖，而且卖完菜白天休息不劳动。

第三，账目难管：市场行情变化不定，每日菜价难以预知，个体农户一个人销售自家产品不用记账，而公司委派两个人卖菜才能放心记账，而且两人卖菜也免不了做手脚。

第四，投入大收入低：个体农户种菜，购买肥料、农药、农膜等农投品，自觉的算计开支少花钱，自己的用工不算钱，赚了钱都是自己的，如果不赚钱白忙活也无怨言。而公司种菜，购买肥料、农药、农膜等农投品，员工不去为老板算计开支，公司赚了钱先给员工发工资，公司不赚钱也必须给员工发工资。

第五，市场受制约：在蔬菜主产区，各种蔬菜应有尽有，客商收20种蔬菜，一天就能收齐，第二天早上就能在城市农贸市场销售，而且有专门收购次等蔬菜的。而在公司基地，客商收20种蔬菜，是不可能收齐的，勉强收几种蔬菜，当天不一定能装车，等到城市农贸市场销售，蔬菜已经不新鲜了，而且公司的次等蔬菜没有人收购。

公司基地要想搞生产赚钱，依据市场变化选项准确，可以生产果品，也可以生产一次性收获的、用工较少的粗菜，如葱、姜、蒜、山药、牛蒡、马铃薯等。然而，即使选项准确，也几乎不能生产多次性收获的、用工较多的精菜，如黄瓜、丝瓜、苦瓜、茄子、菜椒、番茄等（关系菜、特色菜、会员菜除外）。如果一定要生产多次性收获的、用工较多的精菜，那么可以把大棚租给农户，农户生产，公司卖菜，相当于公司到市场上收菜卖菜，也就是贩菜，只是有了自己的生产基地的招牌。

另外，观光示范园区建设有如下5项要求：一是地理位置优越；二是露地和大棚结合，品种要多，四季有果；三是面积要小，投入要少，建园要快；四是有特色，独树一帜；五是以观光、采摘、示范，带动餐饮、生产园区的销售和地方产业发展。

第三节　产前选项与市场

一、小市场选项：即小项目品种和种的选择

1. 蔬菜两句话

第一句选品种：先确定当地适宜的蔬菜若干种，每种蔬菜选1~2个最好的品种。

第二句买种苗：到所选品种的上市时间相近的最大生产区域，看哪个种子最不值钱，你就选定这个品种。

掌握这两句话，你买种苗花钱少，产出来就赚钱。然而，有的蔬菜产地，客商收购的蔬菜种类很单一，例如黄瓜市场你去卖苦瓜可能卖不了。那么，这种小市场选项很简单，挑选一个更优良的品种就行，但是赚大钱很难。

2. *果树四句话*

第一句人无我有，即物以稀为贵。例如，20 世纪世纪 80 年代初期，土地承包到户，多数人种粮，有少数人承包果园赚了钱，这就叫“人无我有”。

第二句人有我优，即品质最好。例如，20 世纪 80 年代中期，有人栽植了更优秀的红富士苹果，红富士苹果每千克 20 元，而小国光苹果每千克只卖 1 元，这就叫“人有我优”。

“人有我优”又包含 4 个字，即“大、美、甜、硬”。这四项占着一项为下等品种不能发展（如小国光苹果），占着二项为一般品种也不能发展（如红星苹果），占着三项为上等品种可适量发展（如乔纳金苹果），占着四项为上上等品种，可大规模发展，但不可超规模发展（如红富士苹果）。

第三句人优我多，即规模生产。例如，20 世纪 80 年代末期，北方各省引入红富士苹果试栽时，烟台的果农规模化生产形成市场，这就叫“人优我多”。

第四句人多我变，即避免过剩。例如，20 世纪 90 年代初期，凡是能生长苹果的地区都栽植红富士，超规模发展，此后出现了卖果难，这时就应体现“人多我变”。

“人多我变”不是生产量多了再变，生产量多了不值钱，再变就晚了，就劳民伤财。“人多我变”是种苗栽植过多时就变。有三个办法可以知道种苗栽植过多：一是电视和报纸宣传过猛，尤其是中央电视台一播放，全国人民都知道，易导致过剩；二是连普通农户都知道的好品种，那还不多吗？三是地方政府领导号召发展的极有可能过剩，因为地方政府领导谨慎从事，先试验示范后推广，错过市场机遇，或者请那些纸上谈兵、没有实战经验的权威专家出谋划策。

3. *其他作物五句话*

第 1 句好吃、好看、好用：这是其他作物种植赚钱的第一条件，如果产品不好吃、不好看、不好用，就没有人买，爆冷门也属于瞎爆。

第 2 句人无我有，即物以稀为贵。

第 3 句人有我优，即品质最好。

第 4 句人优我多，即规模生产。

第 5 句人多我变，即避免过剩。

以上小市场选项共计 15 句话，其中蔬菜两句话，果树 8 句话，其他作物 5

句话。有人怀疑这15句话，问我："蔡老师，我照做，如果不准咋办"？我说："我这15句话，十有八九准，十有一二不准"。他们说："哦，原来如此，如果我们按这15句话选准了，你就说这15句话灵验；如果我们按这15句话选错了，你就说有言在先，左右都是你蔡老师的理"。我说："我也可以让这十有一二不准变成准，你知道为什么吗"？

为什么这15句话十有一二不准？譬如某个乡镇计划修一条路，此时国道恰恰路过此处，那么，某个乡镇的道路，就得乖乖的停修，这叫做小从大。但国道十有八九不会路过某个乡镇。

当大市场和特市场不发生变化时，小市场选项的这15句话准；当大市场和特市场发生变化时，小市场选项的这十五句话不准。那么，大市场和特市场在哪里？何时发生变化？请继续往下阅读我的文章。

二、大市场选项：即大项目种植类别的选择

1. 主导种植业风险小

茶、桑、林、麻、花、药、油、烟等不是主导种植业，用于农产品加工可能获取高利，但用于种植此类农产品，市场需求量相对较少，稍微一多就过剩。可以区域化规模发展，但不可以大规模发展。应先考查市场，不可太冒进，但只要按照其他作物小市场选项的5句话，把市场考查清楚，种植这些作物也没问题。

观光农业更不是主导种植业，对于99%的农户来说是不可能的，那是贵族农业，普通百姓只是想想而已，千万不可轻率投资。

粮、棉、果、菜才是主导种植业，即使生产过剩，也只是价格较低，不至于太亏。粮和棉生产解决温饱有余，果和菜生产可以致富。然而果和菜一定能致富吗？那可不一定。果和菜能让农民致富，也能让农民致穷。这就看农户种植果和菜能不能获高产，能不能卖高价。获高产靠技术，蔬菜获高价靠小市场选项的2句话，果树获高价靠小市场选项的8句话。

2. 国外粮棉有优势

WTO给我们带来了什么？有的农民说与自己没有关系。1938年，日本侵略中国，中国的农民不能说与自己没有关系；1976年唐山大地震，唐山的市民不能说与自己没有关系。同样，WTO悄悄逼进，不能说与咱农民没有关系，而且我们可以大声疾呼：与WTO最有关系的就是农民！可农民蒙在鼓里，就是不相信，多么固执啊！

全世界的农业几乎都是弱势产业，但西方发达国家的"农民"是中产阶级，因为他们那里的"农民"极少，一个农业生产者甚至耕种上千亩土地，采用大机械化生产，化肥农药等价格很低，同时还能得到很多的种植补贴，他们生产的

粮食按 1 元/千克出售也会盈利，每人生产几百万千克粮食，每千克粮食盈利一毛钱就有几十万元的收入。

一个国家没有足够的粮食，保证不了粮食安全，是很危险的。但我们以农业大国的身份，与西方发达国家的“农民”比赛粮食生产更是不自量力的。我们的农民只有一亩多地，在保证粮食安全的前提下，应发展其他高效种植业。

3. 国内果菜有优势

试想，粮田能用大拖拉机耕地，果园能用大拖拉机耕地吗？粮田能用飞机打药，菜园能用飞机打药吗？粮田能用联合机收获，果园菜园能用联合机收获吗？这叫做炮弹打蚊子——不好使。那些外国人生产粮食靠机械化，而生产果菜跟我们一样，也是靠人。但是，他们每天的雇工报酬高达上千元，他们每千克水果的生产成本高达 5~6 元，因此，他们每千克苹果的售价 20 元极其平常。而我们现在的水果价格只是美国的 1/7和西欧的 1/4，蔬菜差价更大。

如此高价的果菜，他们吃得起吗？那么试想，他们的人均收入是我们的几倍甚至十几倍，他们购买 1 千克苹果花 20 元，就像我们花 2 元一样不在乎。这个悬殊的差价就是我们的优势，我们的水果价格不用太高，能卖到 2 元/千克，亩产 3 000千克，果农拥有 10 亩果园，两年就可以坐上小轿车或盖起自己的楼房。因为差价太大，所以 WTO 使我们的果菜有更多机遇走出国门。

劳动力资源暂时仍是我们的优势，果菜生产是我们的优势，但农民兄弟们你可不要高兴得太早了。你的品种优秀吗？技术先进吗？环境适宜吗？化肥农药超标吗？设施条件具备吗？包装精美吗？流程迅速吗？销售体系健全吗？你讲信誉吗?！这些问题不解决，WTO 不让你出口。所以，WTO 既让我们兴奋，又让我们痛苦，不痛苦改变不了我们陈旧的观念，不痛苦改变不了我们保守的生产方式。

另外，中国人口占全世界 21%，中国本身就是一个大市场。只要好，产品就不过剩，不用出口，在国内就有好市场，就有好效益。

4. 大棚果树近年仍有优势

大棚果树包括桃、李、杏、樱桃、苹果、梨、枣、石榴、葡萄、桑椹等。

第一，投入少：施肥少、浇水少、打药少、草帘和薄膜寿命长、不用年年买种苗，投入是大棚菜的 1/5。

第二，用工少：每年只施 2 次肥，浇 6~8 次水，打 5 次药，剪 2 次枝，销售用工少，用工不到大棚菜的 1/10。

第三，管人易：粗放管理，上市集中，极易采用目标责任制。

第四，收入高：亩产 2 500千克以上，亩收入几万元到十几万元。

5. 寒地冬暖棚果树更有优势

冬暖棚生产的早熟品种，于 3—5 月上市，最适于向北部严寒地区发展，越往北越有优势。这是因为北部冷的早，早落叶早休眠，早升温早上市，抢先占领市场，售价更高。

冬暖棚生产的晚熟品种，更适于寒冷地区发展，这是因为北部气候回暖的晚，晚发芽、晚成熟、成熟后延迟采收，于1—2月春节前上市，棚外冰天雪地，棚内含红吐翠、果实累累、红艳满枝，而此时冷库贮存的水果，皮也皱了、梗也干了、色也暗了、也不甜了，对此甘拜下风。于是，最晚的变成了最早的，效益更高。北部严寒地区，冬暖棚最适于发展晚熟葡萄。

但北部严寒地区冬春季节风雪大，应加强防寒防雪措施。风雪太大不能防护的地区不能发展。

6. 暖地拱棚果树也有优势

拱棚生产的早熟品种，于4—6月上市，最适于向南部温暖地区发展。因为南部气候回暖的早，风雪少而小，早发芽早成熟，上市早价格高，而且建棚投入少。

但亚热带地区，拱棚生产水果反而不早，这是因为亚热带地区落叶晚休眠晚，早升温则休眠量不足，不能正常结果。

三、特品市场选项

即使特别事件发生时，种植项目的选择。特品市场何时出现？政策、军事、外交和天象等发生变化之时。特品市场如何把握？顺藤摸瓜。

1. 以果树苗为例

2003年春季，果树发展形势看好，育苗户加足马力培育果树苗，到2004年春季高价销售。然而，2004年春季谁也卖不了，因为2004年中央1号文件基本农田保护不许发展林果，地方政府纷纷相应，不但阻止农户发展果树，而且号召农户砍伐果树，于是果树苗卖不了。你要能感知2004年的中央政策，2003年你就不该培育果树苗，这就是顺藤摸瓜。

2. 以果品为例

2003年春季不该培育果树苗，2004年春季却应该栽果树。因为2004年不许发展林果，农户不但不栽果树，反而砍伐果树，果园面积大幅度减少，致使2005年果品价格上扬至今。全国轰轰烈烈砍伐果园之时，你悄悄发展果园，你今天早已大富，这就是顺藤摸瓜。

3. 以马铃薯为例

2010年11月，某大学权威专家，为西部5省种植大户演讲，号召2011年种植马铃薯。笔者当时提示他不可发展，他却不愿相信。结果，2011年马铃薯种植户血本无归。因为某大学权威专家没发现特品市场已悄悄来临。

2012年夏季，各地冷藏厂高价储备马铃薯，有人问我前景如何？我说储备马铃薯三个条件：看一看马铃薯主产区生产量；想一想大棚菜冬季上市量；问一问出口贸易需求。其中后两个条件最重要，与特品市场有关。

4. 以大蒜为例

2009年，大蒜每千克售价超过6元，达到历史新高。专家和记者预言，2009年大蒜播种面积倍增，2010年大蒜价格将回落。然而2010年大蒜价格出乎预料，更加高涨，由每千克6元升至16元以上。专家和记者们本应哑口无言，他们却善于找借口，把借口找到老天爷那里，嘴一吧嗒又说：2010年大蒜价格高涨是因为气象因素导致减产。引起蒜农责问：2010年春季没听说哪个产区的大蒜受灾呀，也不可能全国都受灾减产呀，既然面积倍增，全国的生产总量增加，价格应该下降，可为什么价格不下降反而大增几倍呢？专家和记者们都没得说了，就说大蒜高价是因为炒作。以炒作为借口，终于把疑问挡住了，人们从此糊里糊涂的跟着瞎吆喝。

2010年大蒜超高价是因为炒作吗？不是。炒作的结果有两个：一个是调动消费者购买；另一个是有人高价卖出去，有人收进卖不了。

咱先看2010年的第一个结果：大蒜不同于其他农产品，它是一种特菜，是一种调料，国内需求量少，消费量不大，稍微一多就过剩。炒作也不能调动人们多吃，可为什么2010年量大高价也能卖掉呢？说明了这不是炒作。

咱再看2010年的第二个结果：2010年的大蒜（包括冷藏厂贮存的大蒜）都卖了，都高价卖了，并没有发生有人笑有人哭的炒作现象，说明了什么？说明了这与炒作无关。

大蒜高价卖空了，说明了肯定有人收购。那么谁收购呢？什么条件下收购呢？这就是顺藤摸瓜，你再摸下去，当你摸到贸易逆差、友好外交、突发事件发生的时候，你就能预知大蒜行情，就不再盲目进行大蒜生产了。

第二章

产中技术创新——施肥技术

第一节　古代施肥

古代种植，施肥很简单，没有仪器测知肥料中的元素养分，也没有化学合成的肥料，所以就没有复杂的施肥理论和方法。古人能够发现连阴雨后植物易生病，他们却不知道连阴雨滋生病菌。古人能够发现雷雨后植物易生长，他们却不知道雷电杀菌而且产生氮肥。

古人如何解决肥源？除了粪便之外，贾思勰在《齐民要术》中主要介绍了以下几种方法。

第一种是籽肥，方法是：“地薄者粪之。粪宜热。无熟粪者，用小豆底亦得。”

第二种是厩肥，方法是：“凡人家秋收治田后，场上所有穰、谷檝等，并须收贮一处，每日布牛脚下，三寸厚；每平旦收聚，堆积之；还依前布之，经宿即堆聚。计经冬，一具牛踏成三十车粪。至十二月、正月之间，既载粪粪地。计小亩亩别用五车，计粪得六亩。匀摊，耕，盖著，未须转起”。

第三种是绿肥，方法是：“凡美田之法，绿豆为上，小豆、胡麻次之。悉皆五、六月中禳，羹懿反种，七月、八月犁裺杀之，为春谷田，则亩收十石，其美与蚕矢、熟粪同”。“春气未通，则土历适不保泽，终岁不宜稼，非粪不解。慎无旱耕。须草生，至可耕时，有雨即耕，土相亲，苗独生。草秽烂，皆成良田。引一耕而当五也。不如此而旱耕，块硬，苗、秽同孔出，不可锄治，反为败田”。“若粪不可得者，五、六月中穊种菉豆，至七月、八月犁掩杀之，如以粪粪田，则良美与粪不殊，又省功力”。

第四种是秸秆还田，方法是：“种芋，区方，深皆三尺。取豆萁内区中，足践之，厚尺五寸。取区上湿土与粪和之，内区中萁上，令厚尺二寸；以水浇之，足践令保泽。取五芋子置四角与中央，足践之。旱，数浇之。萁烂，芋生，子皆长三尺”。

上述肥源统称为有机肥。几千年的传统种植模式，一直保持着天然的生态平衡，是天然的有机农业，没有化肥，没有化学农药，没有环境污染，施用纯粹的有机肥，生产纯粹的有机食品。

第二节　现代施肥的演变与误区

当今，有机肥所含的有效元素已经被检测发现，其中有 16 种植物必需元素，还有十几种有益元素，而且有机肥的有效元素是全元而且平衡的（氮肥不足，可以通过空中的雷电和土壤中的固氮菌合成）。然而，有机肥中营养元素含量太少，不能满足植物需要，所以产量极低，大多数粮食作物亩产只有 200 千克左右，不能解决当今人口众多的吃饭问题。有机食品如欲增产，必须大量增施有机肥料，哪来这么多有机肥？肥源根本解决不了。

科学家发现，这些有效元素可以通过化学合成，这就是化肥。化肥的出现，解决了有机肥元素含量少的问题，化肥很轻易的解决了肥源，解决了全球粮荒。然而，化肥却很难使这些有效元素做到全元而且平衡。因此，生产上很难做到合理施肥。现代施肥，经过了几十年的演变和误区。

化肥出现后，农民先是排斥化肥，后来证实化肥确实能成倍增产，因此化肥很快代替了有机肥。那时的化肥主要是氮肥，农民连年施用氮肥，导致土壤板结，产量不再继续增加，而且产品品质下降——这就是高氮误区。

后来发现，氮肥与磷钾肥配施能继续增产，并提高品质，于是专家们高喊重视磷钾肥，直到现在还有人高喊，带动了农民使用磷酸二铵和 15-15-15 等高磷复合肥。如此又导致了磷过量，土壤中的中微量元素被磷固定，从而产生了各种缺素症，病菌乘虚而入又导致各种病害严重发生，农民再用大量的农药来治病，如此形成了恶性循环——这就是高磷误区。

再后来发现，植物需要 16 种营养元素，哪种元素缺了也不行。于是，有的肥料厂家竟然将这 16 种元素掺在一起，生产出了“全元复合（混）肥、小麦专用肥、玉米专用肥、果树专用肥、蔬菜专用肥等等各种专用肥”。这是极其错误的，因为这些肥料一生产出来，还未施入土壤，磷已与大多数中微量元素发生了反应而固定，不能被植物吸收利用。肥料可以掺混施用，但不可以掺混制造。掺混施用固定的少，而掺混制造会发生严重的固定——这就是全元复合肥和专用肥误区。

有的厂家为了防止磷与中微量元素固定，将16种元素与腐植酸等有机物质掺在一起，生产有机无机复混肥，号称有机无机复混肥中的腐植酸能络合中微量元素。然而厂家没想到，磷的固定能力远大于腐植酸的络合能力，有机无机复混肥根本阻挡不住磷固定。还有的厂家声称，几百斤有机无机复混肥能代替粪等有机肥，这是根本不可能的，因为几百斤有机无机复混肥所含的有机质，远低于1立方米的粪所含的有机质，而1立方米的粪都不能满足有机质需要，更何况几百斤有机无机复混肥？——这就是有机无机复混肥误区。

有的厂家制造20-10-30的冲施肥，氮磷钾含量高达60%，农民以为氮磷钾含量越高越好，其实不是。冲施肥是一种特殊的复合（混）肥，价格是普通复合肥的几倍，如果只含氮磷钾，不应该这么贵，所以冲施肥应含多肽酶等高效物质。然而20-10-30的冲施肥已经饱和，多肽酶等高效物质根本加不进去，因此高含量的冲施肥并不好——这就是高含量冲施肥误区。

农民发现，有的复合肥春季施入土中，秋季扒出来原样不变，认为这种肥不好。其实这种肥真不好，但见水就化的也不一定都好。有的厂家骗农民无知，为了复合肥化的快，制造出的复合肥或冲施肥竟然不含磷或含磷极少，甚至含氮含钾都不多，而是以廉价的镁来代替——这就是见水速溶肥误区。

农民购买有机肥，却不知道什么样的有机肥不好。好有机肥有3个条件。第一长白毛，不长毛的有机肥通常有毒，生物菌不活；第二不造粒，因为高温造粒，多肽酶易分解，生物菌死亡；第三有酸味或香味，原料富含蛋白，产生多肽酶，解磷、解钾、释放土壤残存肥料，肥效超常。有机肥的肥效并不取决于有机质含量，而是取决于蛋白质的含量，蛋白质含量越高，肥效越高。有的厂家制造腐殖酸有机肥，腐殖酸有机肥是啥？是用褐煤加碱制造的，那些黑乎乎的腐殖酸几乎没有营养价值，植物一点也不吸收，而且加了碱有大害。还有的厂家甚至用污水沉淀物和淤泥制造有机肥，坑害农民——这就是劣质有机肥误区。

再后来发现，生物菌能解重茬。实际上生物菌不能直接解重茬，而是生物菌分泌的酶类等物质，解磷、解钾、释放中微量元素，抑制或消灭病菌。生物菌分泌酶类等物质需要蛋白质等原料，蛋白质等原料来自于粪等有机肥。所以，生物菌应与粪等有机肥配施，否则解决不了重茬——生物菌解重茬误区。

生物有机肥就是用生物菌发酵的有机肥，效果确实很好，尤其是富含蛋白物质的原料制造的生物有机肥，效果更好。然而，大多数生物有机肥，农民自己可以发酵制作，却花10倍的冤枉钱购买生物有机肥。有的厂家骗农民，说施用几百斤生物有机肥就不用再施粪等有机肥。结果如何？缺乏有机质的土壤，只施用几百斤生物有机肥根本不行，因为这几百斤生物有机肥所含的有机质等物质太少——这就是生物有机肥存在的误区。

再后来发现，植物需要平衡吸收各种营养元素，某种元素多了或少了都不行。用测土仪化验，就可以知道土壤中的元素含量，然后根据化验结果配方施肥。但目前的测土配方有两大问题：第一，植物需要的 16 种元素，化验费至少需要 1 500 元，农民购买几百元的肥料，经销商却要开支 1 500元的化验费，你说那个经销商傻了是吧？经销商只化验几种元素，然后胡乱开配方。第二，磷的利用率只有 20% 左右，仪器可以化验出来。而 80%左右的磷与钙、镁、铁、锌、铜等元素固定，化验不了。虽然这 80%左右的磷被固定，但当施入有机肥和生物菌后，就产生多肽酶，这些被固定的磷还可以再释放出来，化验结果缺磷，实际不缺磷，如果按测土配方施肥，极易导致磷过量——这就是测土配方存在的误区。

各种肥料要平衡施入，不能偏施，否则会导致重茬多病，农产品也变得饭不香、菜无味、果不甜，甚至有害。

种植技术主要有 5 项：育种育苗技术、土肥水技术、温度湿度光照调控技术、生长结实调控技术、以及病虫害防治技术。这 5 项技术中，唯有施肥技术的原理最复杂，最不容易掌握，因此目前的状况是：农户胡乱施肥、经销商胡乱卖肥、厂家胡乱造肥。

第三节　平衡施肥的基本原理

一、养分归还原理

土壤有优劣，但土壤只是载体，土壤不能产生肥料。作物从土壤中吸收了多少营养元素，就必须再还给土壤这些营养元素，否则土壤肥力会逐渐衰减，最终成为不毛之地。归还方式就是施肥。“庄稼一枝花，全靠肥当家”，肥料是当之无愧的一家之主。施肥技术是种植业的基础技术。

二、最小养分原理：即缺素危害

作物按比例吸收 16 种元素，达不到按比例提供的元素即为缺素，最缺的元素即为最小养分。产量受最小养分支配，最小养分不补充而其他养分再多也难以提高产量，而且出现缺素症。一种最小养分满足后，另一种养分就成为最缺的新的最小养分。

三、养分拮抗原理：即过量危害

作物按比例吸收 16 种营养元素，如果某种营养元素不按比例施入而是过量，那么该元素的过量存在就会抑制了作物对其他某种元素的吸收。例如磷过量会导致缺铁、缺锰、缺锌、缺铜等。近年来，我国北方蔬菜主产区普遍磷过剩问题应引起高度重视。某种营养元素少了固然不好，而某种营养元素过量也会导致更严重的危害，轻则造成施肥浪费，重则破坏土壤环境，影响作物生长发育，继而影响产量和品质。

四、报酬递减原理

产量随施肥量的增加而增加，当达到最佳施肥量后，再增加施肥量而产量的增加幅度却越来越少。对此要考虑投入和产出的比值，合理确定施肥量。

五、综合因子原理

土壤、光照、温度、湿度、空气、品种、耕作以及作物本身的生长发育特点都会影响产量，而施肥只是其中一项，只有各项因子密切配合，互相促进，构成完整的平衡栽培体系，才能发挥施肥的最大效益。

第四节　植物必需元素和有益元素

一、必需元素

植物有16种必需元素，缺一种也不行。其中有6种量大元素：碳、氢、氧、氮、磷、钾；有3种中量元素：钙、镁、硫；有7种微量元素：铁、锌、锰、铜、硼、钼、氯。这16种元素除碳、氢、氧来自于大气和水之外，其余13种都来自于土壤。这13种元素的供应要达到一种平衡，才有利于植物生长发育，不论哪种必需元素，多了少了都不行。

1. 氮

植物需氮通常为第二。因为氮是氨基酸、蛋白质、核酸、酶、叶绿素、激素、维生素、生物碱以及磷脂等物质的重要组成成分，是最基本的生命物质，植物任何一个生长发育过程都离不开氮。而且氮在植物体内可以再利用，生长点最多。叶菜类需氮多。

2. 磷

植物需磷通常为第五。一磷是核酸的组成成分，维持着生命的遗传基因。二磷是磷酸腺苷的组成成分，糖、淀粉、有机酸、氨基酸、脂肪、蛋白质等营养物质的合成过程中，始终以磷酸腺苷为能量的载体。三磷是肌醇六磷酸的组成成分，使植物形成了种子和果实等繁殖器官，所以磷促使籽粒饱满，增进品质，并促进成熟。四磷在植物体内可以再利用，生长点最多。

3. 钾

植物需钾通常为第一。钾不是植物体内各种结构物质的组成成分，但钾极其重要，钾促进糖等营养物质的运输，促进光合作用，促进糖、氨基酸等小分子转化成淀粉、纤维素、木质素、脂肪、蛋白质等大分子，增加营养积累，所以钾能增进品质，促进上色，抗倒伏、抗寒、抗旱、抗病虫。而且钾能使60多种酶被激活，使植物的各种组织器官维持正常生长发育。钾还是一价阳离子，最有优势调节渗透压，将水分子拉入体内，维持细胞膨压，促进细胞伸长，调节气孔开关以控制蒸腾，所以钾能增强植物抗旱力，并在干旱条件下正常生长。钾能使pH值及阴阳离子保持平衡，促进植物对硝态氮的吸收，促使氨基酸合成蛋白质并维持蛋白质稳定。钾在植物体内可以再利用，生长点最多。瓜果、块根、块茎类需钾多。

4. 钙

植物需钙通常为第三。一是钙与果胶酸结合后固定在细胞壁中，稳定细胞壁，加固植株结构，增强了植物抗病力和抗倒伏能力。二是钙调节原生质胶体，使细胞充水富有弹性，有利于细胞伸长，减轻果实萎缩。三是钙能保持一些重要酶的活性，使植物能够正常生长发育。四是钙能调节细胞液的pH值，稳定细胞内环境，防止有机酸在植物体积累而中毒。五是钙能促进植物对硝态氮的吸收，改善土壤理化性质。但钙在植物体内不能再利用，果类易缺钙。

5. 镁

植物需镁通常为第四或第五。镁是叶绿素分子的中心原子，光合作用离不开镁。镁能促进氨基酸合成蛋白质，缺镁氨基酸积累，植物易染病。镁在营养的合成与转化过程中，还参与了所有的磷酸转化过程，所以没有镁也就形成不了产量。当镁与硫同时起作用，植物的含油量会大大提高。镁还是许多酶的溶化剂，能促进纤维素的合成提高品质。镁在植物体内可以再利用，生长点最多。

6. 硫

硫参与了蛋白质的合成，大部分蛋白质中都含有硫氨基酸。硫参与脂肪的合成与代谢。硫虽不是叶绿素的组成成分，但硫影响叶绿素的合成。硫还是铁氧蛋白和谷胱甘肽的组成成分，参与了有机营养的合成，并在植物代谢过程中起重要作用。硫还能使葱、蒜、芥菜等具有特殊辛辣气味。但硫在植物体内不能再利用。

7. 铁

铁是铁硫蛋白和铁卟啉蛋白等酶的组成成分，传递光合电子，在光合和呼吸两个代谢过程中起到氧化还原的作用。铁也是铁磷蛋白的组成成分，是光合作用所必需的。因为铁是铁钼蛋白（固氮酶）的组成成分，在固氮菌的作用下能使植物具有固氮功能。

8. 锌

锌是目前已知的59种酶的构成成分，在光合、呼吸、蛋白质合成、激素合成中起重要作用。锌能促进生长素（吲哚乙酸）的合成，促使根、茎、叶、花、果等新生器官生长。缺锌时植株弱叶小，落果果小。由于锌参与叶绿素形成，缺锌叶片失绿。锌还能保护根系细胞结构稳定，因此缺锌不抗旱、不抗寒、不抗病。

9. 锰

锰是许多酶的组成成分，参与有机营养的合成和代谢。缺锰时会抑制蛋白质的合成，造成硝酸盐在植物体内积累，使植物食品变的有害。锰还能促进吲哚乙酸氧化，高浓度的锰促进生长素分解，所以锰过量会抑制植物生长。

10. 铜

铜是多种酶的组成成分，参与蛋白质和糖代谢，稳定叶绿素功能，防止叶绿素过早破坏。铜在光合电子传递和能量转换中起作用，参与呼吸代谢。铜还参与固氮根瘤的形成。

11. 硼

硼不是植物体各种结构物质的组成成分，但硼很重量。硼参与细胞分化，缺硼生长点坏死，顶芽和根尖褐腐。硼也参与细胞膜形成，缺硼细胞不完整，叶皱、扭曲、粗糙、萎蔫等。硼参与叶绿素的形成和稳定，缺硼新叶变白，老叶变黄。硼能促进氨基酸和蛋白质合成，促进授粉受精，提高坐果率，显著提高产量，缺了硼就形不成产量。而且硼能促进了糖和生长素的运输，产生花蜜，吸引昆虫授粉，促使糖和生长素向花果集中，促进生殖器官的发育。硼促进碳水化合物运转，加速生长发育，促进早熟，并增甜。此外硼可抑制酚类和木质素合成，防止果面粗糙和苦味。硼促使生长素向维管束运输，使木质部正常形成。硼和钙共同作用能形成细胞间胶结物，保持细胞壁结构完整，提高原生质黏滞性，增强植物抗寒力和抗病力。硼还能促进根内维管束发育，有利于豆科植物固氮。

12. 钼

植物对钼需求最少。但钼是铁钼蛋白固氮酶和硝酸还原酶的组成成分，促进铁与硝态氮的吸收。缺钼时钼黄蛋白不能合成，导致硝酸盐在植物体内积累，使植物食品变得有害。缺钼还影响固氮菌固氮，引起豆科植物缺氮。钼能促进磷的吸收。钼能消除铝对植物的毒害，以及促进维生素C的合成。

13. 氯

氯与阳离子保持电荷平衡，维持pH值平衡，维持细胞膨大，与钾一起调节气孔关闭，平衡光合作用和水分蒸腾。

二、有益元素

植物有20多种有益元素，包括硅、钛、钒、硒、钠、钴、镍以及稀土元素（钪、钇和镧系15个元素），这些元素不是植物必须的（仅少数植物必须），没有也行，有了更好，因此叫有益元素。

1. 硅

有的国家已把硅列为继氮磷钾之后的第四大元素。硅使表皮细胞硅质化，钙稳定了细胞壁结构，使作物茎叶挺直，减少遮阴，直立的叶片有利于光合作用制造的营养向外输导，因而能增产。细胞硅质化后，增强茎秆强度，抗病，抗倒伏。硅质能滤掉有害紫外线，减轻叶片果实点状斑和病毒病，增强根系氧化能力，减轻铁、锰、铝的过量毒害，防止烂根。硅是地壳中的第二大元素，极其丰富，但多不溶于水，植物吸收的硅是溶于水的单硅酸，单硅酸常被铁铝氧化物吸附，酸性土壤有利于单硅酸的吸收，而碱性土壤不利于吸收。水稻以及其他禾本科植物需硅多。

2. 钛

钛是人和动物不可缺少的元素。钛能提高叶绿素和胡萝卜素的含量，使光合作用效率提高10%～20%。钛能调动内源激素，促进器官分化，诱导愈伤组织。钛能增强多种酶的活性，有利于植物固氮，钛能增进果实品质，使糖、氨基酸、蛋白质、维生素以及钙、铁等营养物质增多。钛还能增强植物的抗旱、抗涝、抗寒、抗热、抗病能力，并能解除药害。土壤中的钛含量较高，但多以不溶于水的氧化物或硅酸盐形式存在于土壤中。

3. 钒

低浓度的钒对微生物、植物和动物有利，有利于固氮菌固氮，还可部分代替钼。

4. 硒

硒是人和动物的必需元素，有抗衰老和抑制癌细胞的作用。硒使植物细胞同样具有抗氧化、抗衰老的功能，增强细胞活性，营养更多更充分。粮食籽粒饱满，棉花纤维粗长，蔬菜原滋原味，瓜果大正甜美。水果切开不易变色，肉类放置不易腐败。富硒农产品“既好吃又好看，既营养又保健，既少病又高产”。

测试证明，当水果中的含硒量达到10～20微克/千克时，糖分增加超过1°，糖酸比明显增大，6种人体必需的矿物元素钾磷钙镁锌铁和五种维生素都相应提高。富硒果蔬表光细腻，口感甚佳，是天然的“黄金搭档”食品。硒素抗氧化、抑病菌，因而富硒农产品耐储耐运，提高了鲜活农产品的商品性能。

病菌和害虫对硒的需求量甚微，富硒农产品的含硒量就能使大量病菌和害虫中毒死亡，即使对线虫、韭蛆和果树腐烂病用硒肥涂抹等，恶性病虫害也有效，可部分代替农药，使农药用量和农药残留减少。所以，富硒农产品更容易达到绿色标准。但过量的硒不利于植物生长，植物矮小，叶片失绿，硒中毒与缺磷症相似。

5. 钠

钠维持细胞膨压和生长。钠对许多C4植物是必需元素。甜菜、菠菜、荞麦、甘蓝、棉花、马铃薯喜钠，尤其甜菜，缺钠则叶薄变暗，易萎蔫。地壳中含钠丰富，但土壤中的钠，尤其潮湿地区土壤中的钠很少，在排水不良的干旱土壤中钠积累而使土壤盐渍化，土壤结构被破坏，改良钠质盐渍土用石膏最有效。

6. 钴

根瘤菌固氮离不开钴，缺钴豆科植物生长不良，甚至死亡。

7. 稀土元素

能提高产量；增加糖、脂肪、蛋白质、纤维素、维生素含量，改善内在品质和外观：有增强抗病、抗寒、抗热、抗旱、抗盐碱能力；过量稀土则会导致植物中毒。自然界磷矿石中含有较多稀土元素。

第五节　元素缺乏和过量的危害症状

一、缺素症状（表1）

表1　缺素症状及防治

叶片发症部位		缺素	症状	防治
老叶先开始	整个叶片	缺氮	整叶淡绿变黄，叶小而薄。植株瘦弱，枝细芽小。坐果率低，瓜果小而皮硬，成熟提早	追施氮肥和固氮菌
		缺磷	整叶灰绿，带紫无光，叶柄叶脉紫红。植株瘦弱，枝细芽小。花芽少而小，坐果率低，果实小而酸，未熟先软，种子少而瘪，成熟推迟	高垄栽植，地膜覆盖，施磷肥，施有机肥，施芽孢菌
		缺钼	整叶淡绿，脉间叶肉黄褐斑点，失水萎蔫枯死，叶片变厚，瘦长畸形，叶缘向上卷曲，十字花科的叶片螺旋扭曲。植株矮小，生长缓慢	改良酸土，提高地温，防止干旱，防止硫、铁和锰过量，不要缺磷
		缺氯	整叶淡绿变黄，或青铜色，严重时萎蔫坏死。但土壤中极少缺氯	施含氯的肥，施粪肥
	叶缘叶尖	缺钾	叶缘叶尖发黄焦枯，脉间叶肉出现褐斑，叶脉仍呈绿色，严重时棕色干枯。植株瘦弱，节短株矮，根弱早衰。瓜果畸形，果实不甜，色泽不美，籽粒不饱满，番茄绿背或筋腐	高垄栽植，微灌、施钾肥，施有机肥，施硅酸盐细菌
	脉间叶肉	缺镁	脉间叶肉黄色，叶脉仍绿，严重时褐斑，枝梢顶部叶片莲座丛生。植株生长如往常。果实不甜，色泽不美，籽粒不饱满，不能正常成熟	改良酸性土和沙土，施中微肥，施有机肥

（续表）

叶片发症部位		缺素	症状	防治
幼叶先开始	整个叶片	缺硫	整叶淡绿变黄（与缺氮相似，缺氮老叶先开始黄化），叶脉更黄，叶小而薄，向上卷曲，变硬易碎，提早脱落。植株矮小，分枝分蘖少，枝梢僵直，木栓化。根系暗褐，白根少。坐果率低，成熟期推迟	施含硫的肥料，施有机肥
		缺铜	整叶淡黄不失绿，有白斑，叶尖发白，叶片变窄变薄，卷曲扭曲。节间缩短，顶梢枯萎，树皮上出现疱疹，形成纵沟。果实小、裂果、流胶、疱疹，易脱落。导致烂根等病害发生	有机肥不要过量，施中微肥
	叶缘叶尖	缺钙	叶缘叶尖黄化坏死，叶尖弯钩，叶片向下呈伞形卷曲，粘连不展，叶尖和茎尖呈果胶状。植株倒伏，根黑腐烂，未老先衰，茎尖枯死，直至整株死亡。果实裂口，果皮枯斑，果肉变软坏死，有苦味，易发生苦痘病、水心病，番茄脐腐。果实靠果梗的韧皮部运输营养，而韧皮部很难运输钙，所以果实极易缺钙。而且老化的韧皮部更难运输钙，钙主要是在幼果期进入果实，所以果越大越容易缺钙	防止酸化，防止超高温或超低温，防止干旱，施钙肥，控制氮和钾
		缺硼	叶缘叶尖白化坏死，叶厚、皱缩、卷曲、粗糙、易裂。叶柄和枝条粗短，出现水渍状斑点或环节状突起，木栓化，裂口。枝条节间缩短，细弱枝成丛，停止生长，茎尖枯死。坐果率低，果实水渍状褐斑，网纹、龟裂、干缩硬化，凹凸不平，畸形，果肉海绵状木栓化，带苦味。缺硼和缺钙常常发生并发症	微灌防止淋失，施中微肥，钾不要太多
幼叶先开始	脉间叶肉	缺铁	脉间叶肉全黄或全白，严重时出现褐斑焦枯，较轻时叶脉尚绿，严重时叶脉也黄，称“黄叶病”，叶脉清晰。叶片提早脱落，形成枯梢或秃枝，甚至整株死亡	改良盐碱，提高地温，防止太湿，施中微肥，防止磷过量
		缺锌	脉间叶肉黄斑、白斑或白条，水稻先黄后红，叶脉仍绿，严重变褐焦枯，叶片变小变窄，翻卷、扭曲或皱缩，类似病毒，小叶丛生，称为“小叶病”，密生成簇，节间缩短，枝茎纤细，植株矮缩，甚至完全停止生长。坐果率低，果实畸形，果小皮厚，果肉木质化，汁少，淡而乏味。籽粒少而瘪	改良碱土，施中微肥，施有机肥，防止磷过量
		缺锰	脉间叶肉黄褐斑点、红褐斑点，叶脉仍绿，称为“黄斑病”，叶片易发皱、卷曲、破裂、折断、枯死、脱落	改良黏土，防止高湿，施中微肥，施有机肥

注：缺素症发生后，表示某元素已严重缺乏，早已导致不可弥补的减产，所以缺素症诊断一定发生在已经减产之后

二、过量症状

1. 氮过量

叶大，浓绿，船底形上卷，节间长。植株旺盛，徒长，贪青晚熟，易倒伏，

不抗风，不抗旱，不抗寒，病虫害严重。坐果率低，瓜果畸形，色不美，口感差。钾、钙、镁、硼中的一种元素较少时，会导致这种元素的缺素症状。防治：控氮，控水，使用调控素，配施钾、钙、镁、硼。

2. 磷过量

叶片小、厚、硬，变褐焦枯，植株矮小，长势缓慢，甚至停长。坐果率低，果小而硬，瓜条粗短。钙、镁、铁、锌、锰、铜极易被磷固定，尤其锌和铜立即被固定而缺素，是重茬障碍的主要原因。防治：控磷、配施钙、镁、铁、锌、锰、铜。

3. 钾过量

钾一般不过量，但钾太多会抑制钙、镁、硼的吸收，出现缺钙、缺镁、缺硼症状，不利于坐果和果实发育。防治：施钾肥不过量，配施钙、镁、硼。

4. 钙过量

钙一般不过量，钙能将土壤中的钠脱去，改良盐碱，施入大量钙只是暂时呈碱性。土壤中的钙可溶性低，而土壤中的镁可溶性高，所以多施钙也不会导致植物缺镁。

5. 镁过量

镁一般不过量，但镁太多会抑制植物对钾、钙的吸收。

6. 硫过量

硫一般不过量，但水田硫过量根系发黑腐烂。防治：改用氯基复合肥。

7. 铁过量

铁过量易缺铜，导致缺铜症状。高湿土壤在酸性条件下使三价铁变为二价铁而发生铁过量中毒，叶缘叶尖出现褐斑，叶色暗绿，根系灰黑，易烂。防治：施石灰。

8. 锌过量

幼嫩组织失绿变灰白，枝茎、叶柄和叶底面出现红褐色斑点。根系短而稀少。防治：施磷肥固定锌，施石灰呈碱性固定锌。

9. 锰过量

锰过量会抑制钙、铁、钼的吸收，经常出现缺钼症状。叶片出现褐色斑点，叶缘白化或变紫，幼叶卷曲等。根系变褐，根尖损伤，新根少。防治：施石灰改良酸性土。

10. 铜过量

铜过量易缺铁，导致植株缺铁症状。新叶失绿，老叶坏死，叶柄叶背呈紫红色。新根短而少，根系枯死。防治：施有机肥，施铁肥。

11. 硼过量

硼在土壤中浓度稍高植物就中毒，尤其干旱土壤。硼过量缺钾，中毒的典型症状是“金边”，即叶缘最容易积累硼而出现失绿而呈黄色，重者焦枯坏死。防治：大水漫灌，多施钾肥。

12. 钼过量

土壤和肥料中的钼极少，轻易不会过量。植物钼中毒症状不易呈现，多表现为失绿。牲畜食用含钼多的豆科饲料会发生钼中毒，注射铜制剂如甘氨酸铜可解除。

13. 氯过量

土壤中不缺氯，很多忌氯植物经常发生氯中毒。中毒症状是：生长缓慢，植株矮小，叶小而黄，叶缘焦枯并向上卷筒，老叶死亡，根尖死亡。耐氯强的植物有：甜菜、甘蓝、菠菜、芹菜、洋葱、茄子、水稻、谷子、高粱、麦类、玉米等。耐氯中等的植物有：棉花、大豆、油菜、葱、萝卜、番茄、柑桔、葡萄、茶叶等。不耐氯的植物有：烟草、莴苣、菜豆以及大多数果木类。防治：修筑台田或条田，大水漫灌，施石膏。

第六节　土壤和肥料中的元素

一、土壤中的元素

1. 氮

土壤中几乎不能贮存氮素，每年要施入大量氮肥才能满足植物需要，而且要多次施入。土壤中的硝态氮易随水流失，湿度大时还会发生反硝化作用分解成氮氧化物而损失掉，尤其酸性土壤更加严重，因此，硝态氮宜在干燥、偏碱和石灰质土壤上施用。土壤中的铵态氮在干旱高温时易挥发损失掉，尤其偏碱和石灰质土壤更加严重，因此，铵态氮应在较湿润和酸性土壤上施用。氮肥在土壤中扩散速度很快，所以氮肥可以浅施，只要溶解得快，甚至可以随水冲施。土壤中的有机质在腐烂分解过程中会消耗大量氮素，因此含氮量少的有机肥或秸秆还田后以及施用生物菌肥后，应施入较多的氮肥。氮过量时，可以施入相应数量的其他元素以维持平衡，尤其要多施钾肥。

2. 磷

土壤中的磷不会随水流失，也不轻易分解挥发，但易被土壤固定而发挥不了作用。固定磷的元素很多，有钙、镁、铁、锌、锰、铜、铝、氟等，酸性土壤一般被铝固定，碱性土壤一般被钙固定。为了防止磷被土壤固定，所以磷肥应开沟集中施入或与有机肥以及生物菌肥混合施入。作物对磷的需求量并不太多，还不及钙、镁、硫的需求量，而且在 pH 值为 6~6.5 的微酸性土壤、有机质丰富以及微生物活跃时还会把固定的磷再释放出来，所以不宜过多施入磷肥，否则会发生磷中毒。磷中毒常伴随钙、镁、铁、锌、锰、铜等缺素症发生，所以应及时补充这些元素。

3. 钾

土壤中含有大量的钾，但有效钾少，不能被植物利用，因此必须施钾。植物需钾量大，因此一定要多施钾，而且通常不发生钾过量而使植物中毒。钾不会挥发分解，可以浅施，甚至可以随水冲施。钾能随水渗入深土层被土壤黏粒吸附，所以钾肥不宜太早施入，应在植物需钾高峰期之前大量施入。

4. 钙

沙土含钙少，应多施有机肥及含钙肥料。湿润的酸性土易形成碳酸氢钙而流失，应施石灰。干旱的碱性土和石灰质土不易缺钙，但 pH 值太高，应施入大量有机肥或酸性肥料加以改良。

5. 镁

土壤中含镁量较高，而且有效镁较多，一般不缺。多雨地区、酸性土、沙土或施钾太多时易缺镁。

6. 硫

土壤中的硫多以有机态存在，并随水流动，所以表层土含硫少。土壤通常不缺硫，只要保证有机肥或含硫肥料的施入，就能满足作物需要。南方多雨的山丘易缺硫缺钙，应施入石膏以补硫补钙。水田通气不良，常发生硫化氢积累，根系中毒变黑腐烂。因此，水田少施硫肥。

7. 铁

铁在土壤中含量很高。但碱性土易形成氧化铁或氢氧化铁，不能被植物吸收而使植物缺铁，应多施有机肥、生物菌肥或酸性肥料。石灰质土易形成碳酸铁，不能被植物吸收而使植物缺铁，应多施易溶铁肥。磷、锌、锰、铜以及硝态氮的过量施入也会导致植物缺铁，以上肥料元素不宜过量施入。在多雨淹水的酸性土，可溶性铁大量增加而导致铁对植物过量危害，施石灰可以减轻铁过量危害。施磷肥也可以减轻铁过量危害，但更容易导致锌、铜被磷固定。

8. 锌

土壤中的锌有的被土壤黏粒吸附，有的被有机质络合。被有机质络合的为有效锌，能够被植物利用，因此生产上要多施有机肥。锌与磷易发生反应而沉淀，磷过量易缺锌，为减少磷与锌发生反应，磷要集中开沟施入。碱性土壤形成氢氧化锌沉淀，碱性土壤易缺锌，应多施有机肥、生物菌肥或酸性肥。锌过量时，施磷肥或石灰增大 pH 值至 7 以上即可解除。

9. 锰

土壤中一般不缺锰，只要施入较多的有机肥，即可满足植物对锰的需要。酸性土易发生锰过量，锰过量导致缺钼，可施石灰加以调整。

10. 铜

土壤中的铜，多被土壤黏粒吸附或被有机质束缚，因此刚刚施入大量有机肥的土壤容易缺铜，又叫“垦荒症”。所以伴随着有机肥的大量施入，应掺入适量硫酸铜。沙土中的铜易淋失，而黏土缺铜的可能性极小。有机质少的黏土和酸土易导致铜过量，可施有机肥、铁肥和石灰调整，施磷肥也可以减轻铜过量危害，但导致锌被磷固定。

11. 硼

土壤中的硼主要以非离子态的硼酸存在，易淋失，因此高温多湿的土壤易缺硼。有机质含量高的土壤则其有效硼的含量较高。硼在土壤中稍高就会导致植物硼中毒，因此每次施硼不宜太多。硼过量时易伴随缺钾，因此硼过量时多施钾肥可以减少植物对硼的吸收。

12. 钼

土壤含钼极少。酸性土易被土壤固定而缺钼，而碱性土有效钼含量较高。干旱低温影响钼的流动，高温多湿能增强钼的流动。磷、镁和硝态氮促进植物对钼的吸收，而铜、锰、硫和铵态氨抑制植物对钼的吸收，所以豆科植物应多施磷和镁，少施铵和硫能增产。土壤中的钼含量一般不会过量，但施用钼肥过量会导致食草动物中毒，可施用硫酸铜以抑制植物对钼的吸收。

13. 氯

地下水位高、排水条件差的土壤易发生氯过量，因此此类土壤不能施氯肥。氯过量时，可以大水漫灌使氯流失，也可施石膏减轻氯过量危害。

二、肥料中的元素

1. 氮肥

①碳酸氢铵：含氮17%，生理中性，易溶，易分解挥发。②硫酸铵：含氮20%~21%，含硫24%，生理酸性，易溶，水田不宜。③氯化铵：含氮25%~26%，含氯65%~66%，生理酸性，易溶，宜水田，不宜忌氯植物。④液氨：含氮82.3%，化学碱性，生理中性，易挥发，遇火爆炸。⑤硝酸铵：含氮33%~35%，生理中性，易溶，水田不宜，易爆炸，莫用金属物敲打。⑥硝酸钙：含氮13%~15%，含钙25%~27%，生理碱性，易溶，酸性土壤施入更好。⑦尿素：含氮44%~46%，肥效较其他氮肥晚3~4天，生理中性，易溶，易分解挥发。⑧石灰氮（又名氰氨化钙）：由碳化钙在高温高压下通入氮气而制成。含氮18%~20%，含钙20%~28%。生理碱性，难溶。须播种栽植前提前施入，否则伤害作物，有杀菌、杀虫、灭草、破眠作用。

2. 磷肥

①过磷酸钙：含磷 12%～18%，含钙 18%～21%，含硫 13.9%，还含有铁等，生理酸性，易溶。②重过磷酸钙：含磷 40%～52%，含磷酸 4%～8%，含钙 12%～14%，化学酸性，生理微碱性，易溶。③钙镁磷肥：含磷 14%～20%，含钙 25%～30%，含镁 10%～15%，含硅 40%，生理碱性，难溶，适于酸性土和富有机质土。④钢渣磷肥：含磷 7%～17%，含钙 25%～35%，含硅 30%～35%，还含有镁、铁、锌、锰、铜等，生理碱性，难溶，适于酸性土和富有机质土。⑤沉淀磷酸钙：含磷 30%～40%，含钙 22%，近中性，难溶，宜酸性土和富有机质土。⑥磷矿粉：含磷 10%～25%，含钙 20%～35%，生理中性，难溶，宜酸性土或富有机质土。⑦鸟粪磷矿粉：含磷 15%～19%，含钾 0.01%～0.18%，含氮 0.33%～1%，生理中性，较难溶，适于各种土壤。⑧骨粉：含有磷、钙、镁、氮、脂肪等，难溶，应发酵后施用。

3. 钾肥

①硫酸钾：含钾 50%～52%，含硫 17.6%，生理酸性，易溶，水田和酸性土应与磷肥、钙肥同时施入。②氯化钾：含钾 50%～60%，含氯 48%，生理酸性，易溶，忌氯植物不宜，盐渍土不宜，水田和酸性应与石灰配施。③碳酸钾：含钾 50%，化学碱性，生理中性，易溶，不能与铵态氮肥混施。④草木灰：含钾 6%～15%，含磷 1%～4%，含钙 5%～25%，还含镁、铁、磷等多种元素，生理碱性。黑色草木灰易溶，肥效高；白色草木灰溶解度低，肥效较差。不能与铵态氮肥混施。⑤窑灰钾肥：为水泥工业副产品，含钾 8%～22%，含钙 35%～40%，还含镁、铁、硅、硫、氯等，生理碱性，易溶，不能与铵态氮和易溶磷肥混用。⑥钾钙肥：含钾 4%～5%，含钙 3.5%～4%，含镁 2%～4%，含硅 35%生理碱性，易溶，不能与铵态氮和易溶磷肥混用，宜水田或酸性土。⑦钾镁肥：含钾 33%，含镁 28.7%，生理中性，易溶。

4. 氮磷钾复合肥

①磷酸一铵：含磷 48%～55%，含氮 11%～12%，生理中性，易溶。②磷酸二铵：含磷 46%，含氮 18%，生理中性，易溶。③偏磷酸铵：含磷 73%，含氮 14.4%，生理中性，易溶。④多磷酸铵：含磷 55%～60%，含氮 15%，生理中性，易溶。⑤氨化过磷酸钙：用氨处理过磷酸钙而成，含磷 13%～15%，含氮 2%～3%，生理中性，易溶。⑥硝酸磷：用硝酸分解磷矿石而成，含磷 12%～20%，含氮 13%～26%，还含钙，化学酸性，生理中性，部分溶。⑦磷酸二氢钾：含磷 52%，含钾 34%，化学酸性，生理中性，易溶。⑧硝酸钾：含氮 13.5%，含钾 45%～46%，生理中性，易溶。⑨氮钾肥：氨碱法加工明矾石而成，含氮 14%，含钾 11%～16%，还含硫，生理酸性，易溶。

5. 氮磷钾复混肥

生产上也叫复合肥，由几种肥料复混而成，有滚筒、喷浆和高塔三种造粒形式。高效、易溶复混肥所用原料有几种，其余原料低效难溶。

①氮原料：硫酸铵、氯化铵和尿素。②磷原料：磷酸一铵、磷酸二铵和多磷酸铵。③钾原料：硫酸钾、氯化钾和硝酸钾（价格偏高）。

另外，氮磷钾复混肥中减少磷含量，磷含量占氮钾总量的1/5以下，即可速溶，水过即溶，这就是冲施肥。

6. 钙肥

除了前述硝酸钙、石灰氮、过磷酸钙、重过磷酸钙、钙镁磷肥、钙渣磷肥、沉淀磷酸钙、磷矿粉、骨粉、草木灰、窑灰钾肥、钾钙肥外，还有如下钙肥。

①石灰：含钙90%~96%，生理碱性，可溶，不可与铵态氮及有机肥同时施入。②熟石灰：含钙75%，生理碱性，可溶，不可与铵态氮同时施入。③石灰石粉：含钙55%，生理碱性，难溶，适于酸性土。④氯化钙：含钙53%，含氯64%，生理酸性，易溶，不宜忌氯植物。⑤石膏（硫酸钙）：含钙22%，含硫15%~18%，生理酸性或中性。最宜盐碱地。

7. 镁肥

除了前述钙镁磷肥、骨粉、草木灰、窑灰、钾镁肥外，还有如下镁肥。

①硫酸镁：含镁9.37%，生理酸性，易溶。②氯化镁：含镁25.6%，生理酸性，易溶，不宜忌氯植物。③硝酸镁：含镁16.4%，生理中性，易溶。④碳酸镁：含镁28.8%，生理中性，易溶。⑤氧化镁：含镁55%，生理中性，易溶。⑥白云石：含镁11%~13%，生理碱性，微溶。

8. 硫肥

除了硫酸铵、硫酸钾、硫酸钙（石膏）、硫酸镁、硫酸亚铁、硫酸锌、硫酸铜、过磷酸钙之外，还有硫磺：含硫95%~99%，生理酸性，不溶，在土壤中经微生物转化为硫酸盐后才能被植物利用，后劲长。

9. 铁肥

①硫酸亚铁：含铁19%，含硫11.5%，生理酸性，易溶，旱地和碱土易氧化，最宜与有机肥混合施入，不宜与磷肥混施。②氧化亚铁：含铁77%，不溶，最宜酸性土或与有机肥混合施入。③螯合铁：含铁9%~12%，生理中性，易溶。

10. 锌肥

①一水硫酸锌：含锌35%，含硫，生理酸性，易溶，不宜与磷、石灰混施。②七水硫配锌：含锌23%，含硫，生理酸性，易溶，不宜与磷、石灰混施。③氧化锌：含锌78%，生理中性，溶于酸和碱，不溶于水。最宜与酸性土或与有机肥混合施入。④氯化锌：含锌48%，生理酸性，易溶，不宜忌氯植物。⑤螯合锌：

含锌9%~14%，生理中性，易溶。

11. 锰肥

①硫酸锰：含锰26%~28%，含硫，生理酸性，易溶。②氯化锰：含锰17%，含氯，生理酸性，易溶，不宜忌氯植物。③氧化锰：含锰41%~68%，生理中性，不溶，最宜酸性土或与有机肥混合施入。④螯合锰：含锰12%，生理中性，易溶。

12. 铜肥

①一水硫酸铜：含铜35%，生理酸性，易溶。②五水硫酸铜：含铜25%，生理酸性，易溶。③碱式硫酸铜：含铜13%~53%，生理酸性，易溶。④醋酸铜：含铜32%，生理中性，易溶。⑤螯合铜：含铜9%~13%，生理中性，易溶。

13. 硼肥

①硼砂（四硼酸钠）：含硼11%，生理碱性，较易溶。②五硼酸钠：含硼18%，生理碱性，易溶。③脱水硼砂：含硼20%，生理碱性，易溶。④复合硼：四硼酸钠与五硼酸钠混合脱部分水而成，含硼20%以上，生理碱性，易溶。⑤硼酸：含硼17%，微酸性，易溶。⑥硼镁肥：硼酸与硫酸镁混合，是制取硼酸的残渣，含硼1.5%，生理中性，易溶。

14. 钼肥

①钼酸铵：含钼54%，生理中性，较易溶。②钼酸钠：含钼34%，生理碱性，易溶。③三氧化钼：含钼66%，难溶。④钼酸钙：含钼48%，难溶。⑤含钼矿渣：含钼10%，难溶。

15. 硅肥

①钢铁炉渣：含硅10%~20%，还含铁、镁、磷、硫、铜、钼、硼、锌。生理碱性，部分溶于弱酸。②粉煤灰：电厂煤燃后的废渣。含硅50%~60%，含钙2%~5%，含镁1%~2%，含磷0.1%，含钾1%~4%，还含硼、锰、铜、锌、钼、钴、钒，生理碱性，部分溶于弱酸。③煤灰渣：生活燃煤废渣。含硅45%~55%，含钙1%~3%，还含多种微量元素。生理碱性，部分溶于弱酸。

16. 钛肥

钛肥有二氧化钛和螯合钛，通常叶面喷施。

17. 硒肥

硒肥有硒酸钠和亚硒酸钠，通常叶面喷施。

18. 钴肥

钴肥有硫酸钴和氯化钴，通常叶面喷施。

19. 稀土

稀土有硝酸稀土、氯化稀土和络合稀土，即可土施，也可叶面喷施。

第七节　施肥量的确定

种植技术中，最复杂最不易掌握的就是施肥量。某元素施少了达不到应有效果，施多了不但浪费，而且阻碍了其他元素的吸收。那么如何确定施肥量？

一、不合理施肥量

1. 胡乱施肥

肥多多施，肥少少施，也不论什么肥，只要是肥就行。这是最原始的施肥方式，以这种方式施有机肥尚可，施化肥极其有害。这是一种愚昧的行为。

2. 随意施肥

人们凭自己的想法，随意确定施肥量，自以为作物“吃”这么多肥就行。这不是作物要“吃”这么多肥，而是硬要作物“吃”这么多肥。这种施肥量没有任何依据，极其盲目，极不合理。

3. 经验施肥

有人发现施某种肥料如复合肥、磷酸二铵等，能获得高产，于是按着这种“眼见为实”的经验，连年重复施用某种肥料，结果产量一年不如一年。例如连年施入氮磷钾 15-15-15 的复合肥，或连年施磷酸二铵，肯定磷过剩而减产。

二、合理施肥量

1. 按植物吸收元素的比例确定施肥量（表 2）

表 2　作物每生产 100 千克产品吸收三大元素量　（千克）

	每生产 100 千克产品需			每生产 100 千克产品折合化肥		
	氮	磷	钾	16-8-16 复合肥	尿素	硫酸钾（或氯化钾）
果树（鲜果）	0.46	0.22	0.66	2.75	0.04	0.43
果菜（鲜果）	0.36	0.14	0.54	1.75	0.13	0.51
叶菜（全株）	0.30	0.10	0.40	1.25	0.22	0.39
根菜（根块）	0.53	0.18	0.75	2.25	0.37	0.76
禾谷（籽）	3.06	1.28	3.15	16.00	1.09	1.16
水稻（籽）	2.10	1.00	2.60	12.50	0.22	1.18
豆科（籽）	6.62	1.29	3.50	16.13	1.59	1.80
棉花（籽棉）	5.00	1.81	4.42	22.63	3.00	1.57
油菜（籽）	5.80	2.50	4.30	31.25	1.74	0

（续表）

	每生产100千克产品需			每生产100千克产品折合化肥		
	氮	磷	钾	16-8-16复合肥	尿素	硫酸钾（或氯化钾）
芝麻（籽）	9.50	2.50	10.50	31.25	9.78	10.78
葵花（籽）	6.83	1.60	15.00	20.00	7.89	23.14
红麻（纤维）	3.00	1.00	5.00	12.50	2.17	5.88
甘蔗（茎）	0.18	0.13	0.23	1.63	0	0
烟草（鲜叶）	4.10	1.30	5.60	16.25	3.26	5.88
芦笋（茎）	1.70	0.44	1.49	5.50	1.78	1.20

注①果树包括桃、李、杏、樱桃、苹果、梨、柿、枣、山楂、石榴、核桃（按青皮果计）、葡萄、猕猴桃、草莓等；②果菜包括茄子、番茄、青椒、黄瓜、西葫、西瓜、甜瓜、冬瓜、苦瓜、菜豆、豇豆等；③叶菜包括白菜、小白菜、甘蓝、小油菜、芹菜、菠菜、韭菜、大葱、元葱、莴苣、萝卜等；④根菜包括甘薯、马铃薯、芋头、胡萝卜、甜菜、芜菁、大蒜、生姜等；⑤禾谷包括小麦、玉米、高粱、谷子等；⑥豆科包括大豆、绿豆、豌豆、蚕豆、花生等（豆科因为能固氮，所以氮肥只施1/2，在结荚前期施入）

施肥量确定方法如下：第一，先按表2计算出氮磷钾肥施用量，如某水果目标产量4 000千克/亩，那么全年施16-8-16复合肥110千克/亩，尿素1.6千克/亩，硫酸钾17.2千克/亩。第二，再确定中微肥施用量：钙与钾大致相近，每施入16-8-16复合肥100千克，配施石灰25千克；镁与磷大致相近，每施入16-8-16复合肥100千克，配施硫酸镁30千克；其余硫酸亚铁、硫酸锰、硫酸锌、硫酸铜和速溶硼按12∶4∶2∶1∶1配比施入。第三，因为化肥不会被全部吸收利用，所以再施有机肥作为补充，每施入16-8-16复合肥100千克须配施发酵鸡粪2立方米（或相应数量的其他粪肥或秸草）。

2. 按测土化验确定施肥量

$$元素施用量=\frac{目标产量\times单位产量吸收元素量-土壤可供元素量\times土壤可供元素利用率}{肥料元素当季利用率}$$

注：①单位产量吸收元素量：即表2中数字。②土壤可供元素量；即每亩土地有15万千克表层土，其中所含的速效元素量，可用仪器测出来，测定值用毫克/千克表示，所以土壤可供元素量（千克）为土壤养分测定值（毫克/千克）×0.15。③土壤可供元素利用率：氮为50%左右，磷为40%左右，钾为75%左右。④元素当季利用率：氮为30%~50%，磷为5%~30%，钾为20%~40%。

依据上述数字，计算出氮磷钾施肥用量公式如下：

施氮量（千克）＝目标产量×单位产量吸收元素量×2.5-养分测定值×0.2

施磷量（千克）＝目标产量×单位产量吸收元素量×5.7-养分测定值×0.3

施钾量（千克）＝目标产量×单位产量吸收元素量×3.3-养分测定值×0.4

其他元素经测土化验低于临界值时立即施入。各元素临界值（毫克/千克）

为：铁 3.5、锰 10、锌 0.7、铜 0.2、硼 0.5、钼0.1。

按测土化验施肥有如下缺点：①植物需要的 16 种元素，化验费至少需要 1 500元，农民购买几百元的肥料，经销商却要开支 1 500元的化验费，这是不可能的。经销商只化验氮、磷、钾等几种元素，然后胡乱开配方。②磷的利用率只有 20%左右，仪器可以化验出来。而 80%左右的磷与钙、镁、铁、锌、铜等元素固定，化验不了。虽然这 80%左右的磷被固定，但当施入有机肥和生物菌后，就产生多肽酶，这些被固定的磷还可以再释放出来，化验结果缺磷，实际不缺磷，如果按测土配方施肥，极易导致磷过量。

3. 按地力差减法定施肥量

$$\text{元素施用量}=\frac{\text{单位产量吸收元素量}\times(\text{目标产量}-\text{不施肥产量})}{\text{元素当季利用率}}$$

注：①单位产量吸收元素量：即表 2 中数字。②不施肥产量：即不施肥的空白地所得产量。③元素当季利用率：氮为 30%～50%，磷为 5%～30%，钾为 20%～40%。

例如某地水稻目标产量为 600 千克/亩，不施肥产量为 250 千克/亩，氮肥利用率为 40%，查表得知，每生产 100 千克产品吸收氮 2.1 千克。那么

$$\text{施氮量}=\frac{\frac{2.1}{100}\times(600-250)}{40\%}=18.4\ (\text{千克/亩})$$

按地力差减法定施肥量简单易行，不用测土化验，但有如下缺点：①须提前一年试验不施肥区的产量。②不施肥区的空白地块，有的肥力高，有的肥力低，因此必须在同类地块试验不施肥区的产量才合理。③此法也容易导致磷积累过量。中微量元素用量没法确定。

第八节　底肥、追肥和根外肥

一、底肥

1. 底肥的作用

全面供肥、长期供肥和改良土壤。

2. 底肥施用时期

早熟果树类在采果后 1 个月，晚熟果树类在 8—9 月，粮棉瓜菜类在播种移苗前。

3. 底肥的种类

以生物菌或生物有机肥发酵的粪为主，配以中微肥和适量氮磷钾复合肥。

4. 底肥的施用量

不同作物差异很大，详见本章第 67 页“各类植物平衡施肥”。

5. 底肥的施用方法

深翻或深沟施入。

二、追肥

1. 追肥的作用

在植物需肥关键期，迅速施肥，满足需求。

2. 追肥的时期

在需肥关键期之前 3~7 天，果树类在发芽前和膨果前，短期果菜类在膨果前，长期果菜类在结果旺期追多次，根块菜类在膨块初期，叶菜类在旺长期，粮棉类在拔节期、花荚期和花铃初期。

3. 追肥的种类

以 16-8-16 复合肥为主，辅以尿素、硫酸钾（或氯化钾）。大棚也可追施发酵腐熟的粪肥或生物有机肥。

4. 追肥量

总量扣除底肥量，即为追肥量。不同作物差异很大，详见本章第 67 页“各类植物平衡施肥”。

5. 追肥方法

通常开浅沟施入，也可借用滴灌和微喷施入，大棚菜也可随水冲施。

三、根外肥

根外肥不能代替土壤施肥，但作用极大。根外肥包括喷叶、喷果、注干和涂枝。

1. 根外肥的作用

代替不了底肥和追肥，但底肥和追肥不能很快很好的起作用时，根外肥能立即发挥作用，而且微量元素的施用，基本上可以通过根外肥满足植物需要。

2. 根外肥的种类浓度

尿素 0.5%（促生长）、硝酸钾 0.5%（促生长和果发育）、磷酸二氢钾 0.3%（促花芽和果发育）、硝酸钙 0.25%（防果类生理病）、速溶硼 0.15%（提高坐果）、硫酸镁 0.3%（防缺镁黄叶）、硫酸亚铁 0.5%（防缺铁黄叶）、硫酸锰 0.3%（防缺锰坏死）、硫酸锌 0.2%（防缺锌小叶）、硫酸铜 0.05%（防缺铜白枯）、钼酸钠 0.02%（防缺钼坏死）、硫酸钴 0.02%（利于豆科固氮）、二氧化碳 0.02%（有益生长发育）、硝酸稀土 0.02%（有益生长发育）。

3. 根外肥的复配

根外肥复配是将上述几种根外肥，辅以多肽酶、氨基酸、海藻酸、黄腐酸、调节剂等，配制而成，复配后能发挥奇效。复配时不能发生化学反应而沉淀，总浓度不超过0.5%。复配的根外肥有壮根的、促芽的、调控的、壮株的、保花的、坐果的、膨果的、美果的、增色增甜的。

4. 根外肥的使用时期

整个生长期都可以，但不同器官的发育所需肥料成分不同。

5. 根外肥的效果发挥

第一，避开中午高温；第二，掺入渗透剂。

第九节 施肥与重茬障碍

重茬障碍是当今农业第一大病害，来势汹汹，席卷全国，仅20多年，病灾遍及各种农作物。如任其发展，危险至极，大片土地将变成不毛之地。

一、重茬障碍三大表现：烂根死棵、发育不良、低产

1. 大棚蔬菜

烂根死棵，植株瘦弱，叶不正常，果小丑陋。

2. 果树

树体衰弱，烂枝流胶，果丑多病，产量不高。

3. 林木

长势缓慢，瘦弱早衰。

4. 茶和桑

萌芽推迟，枝细芽瘦，叶小黄薄。

5. 西瓜

烂根死棵，化瓜，畸形，裂口，水瓤。

6. 甜瓜

烂根死棵，瓜形丑，多裂口。

7. 草莓

烂根死棵，果小畸形。

8. 大葱

烂根死棵，干尖瘦弱。

9. 洋葱

烂根死棵，块小，翘皮，抽薹。

10. 大蒜

干尖，独头，散瓣，空心。

11. 生姜

蘖少瘦弱，姜瘟基腐，癞皮色丑。

12. 韭菜

细瘦倒伏。

13. 芦笋

烂根死棵，空心味苦，早衰倒伏。

14. 胡萝卜

短小，分叉，裂口，变形。

15. 马铃薯

烂根、烂秧、烂块、拔高徒长。

16. 甘薯

徒长，块小，烂块。

17. 山药

烂根死棵，植株瘦弱，块小畸形。

18. 花生

烂根死棵，青枯黄叶，拔高徒长，空壳无籽。

19. 油菜

黄叶早衰，荚少籽少。

20. 烟草

烂根死棵，叶色不正。

21. 小麦

死棵，倒伏。

22. 玉米

粗缩，倒伏，秃尖少籽。

23. 水稻

基腐，稻瘟，条纹。

24. 豆类

拔高徒长，荚少籽瘪。

25. 棉花

黄萎死枯，植株早衰，棉桃不开。

二、重茬障碍的四大原因（重茬障碍不一定是由重茬引起）

1. 自毒

作物根系排泄废物，在根系周围积累，自己毒自己。解毒措施：土轮作或嫁接；用生物菌防治烂根病时，也可解除自毒。

2. 土传病菌

连作重茬使土传病菌积累，导致烂根。防治烂根病措施：嫁接；施入氰氨化钙、浇水盖地膜，1 个月后施底肥并播种移苗；定植前粪用 EM 菌发酵，再加多肽生物有机肥；定植穴内施木霉菌；烂根发生后，先用促根剂和杀菌剂灌穴，再在行间冲施促根剂和芽孢菌。

3. 线虫危害

未腐熟的有机肥含有线虫，因连作重茬而积累。防治线虫措施：嫁接；施入氰氨化钙、浇水盖地膜，1 个月后施底肥并播种移苗；定植前粪用 EM 菌发酵；苗期开始，每月灌一次杀线虫剂。配方是：阿维菌素原粉（或中药杀线虫剂）+淡紫拟青霉。

4. 施肥不平衡

磷过量和中微肥缺乏是重茬病害的最主要原因，比自毒、土传病害和线虫危害更加严重。为什么施肥不平衡？是因为农民受到迷惑。

一是，受专家迷惑：专家们一直高喊重视磷钾肥，引导农户连续施用 15-15-15 等高磷复合肥，甚至连续施用含磷更高的磷酸二铵，导致磷过剩而将中微肥固定，从而产生了各种缺素症，病菌乘虚而入而发病。

二是，受厂家迷惑：磷肥与氮、钾能掺混制造，却不宜与钙、镁、铁、锌、锰、铜掺混制造，否则在生产过程中就已经固定失效。有的厂家却推出全元复合（混）肥、有机无机复混肥、各种专用肥，分明是骗农民无知。更有甚者，有的厂家竟然用褐煤加碱制造腐殖酸有机肥，形成腐殖酸钠，导致土壤盐化有害。

三是，受测土仪器迷惑：含磷的肥料施入土壤后，磷的利用率只有 20%左右，仪器可以化验出来。而 80%左右的磷与钙、镁、铁、锌、铜等元素固定，化验不了。虽然这 80%左右的磷被固定，但当施入有机肥和生物菌后，就产生多肽酶，这些被固定的磷还可以再释放出来，化验结果缺磷，实际不缺磷，如果按测土配方施肥，极易导致磷过量。

第十节　四肥平衡解重茬

什么样的施肥技术是合理的？——株壮、少病、高产、优质、赚钱多的施肥技术就合理。

什么样的施肥技术是不合理的？——烂根死棵、生长发育不良、产量低、质量差、赚钱少的施肥技术就不合理，而且那个施肥理论也是错误的。

各种植物都有重茬障碍，解决了重茬障碍就株壮、少病、高产、优质、赚钱多。笔者之一蔡英明创造的平衡施肥用药技术（已申请专利 201110113709.9），能够从根本上解决施肥不平衡引起的重茬障碍。

一、氮、磷、钾肥

植物需磷并不太多，在钾、氮、硅、钙之后，有时比需镁还少，因此生产上以高氮、低磷、高钾复合肥为宜（表 3）。有六大优点：①适于各种农作物，促旺追加尿素，膨果膨块追加硫酸钾，地上结果和地下结块的植物采用高价的硝基硫基型，粮、棉、油、叶菜等采用低价的氯基型，大棚蔬菜采用冲施型；②磷不过剩，不易导致重茬病；③速溶、速效、利用率高，省肥；④不用高塔造粒，价格低；⑤如果富含多肽酶、氨基酸、黄腐酸、海藻酸、壮根剂、保水剂等，则调动土壤残存肥料被植物利用，效果超常；⑥可作底肥，可作追肥，可作冲施肥。有两种通用类型：16-8-16 复合肥（以下称 2 号复合肥）和 16-8-26 冲施肥（以下称 2 号冲施肥）。

表 3　高产田每生产 100 千克产品施氮、磷、钾量　（千克）

	果树鲜果	果菜鲜果	叶菜全株	根菜鲜块	禾谷籽粒	水稻籽粒	豆类籽粒	油菜籽粒	棉花籽棉	烟草鲜叶	芦笋鲜茎
16-8-16 复合肥	2.75	1.75	1.25	2.25	16.0	12.5	16.1	22.6	31.3	16.3	5.50
尿素	0.04	0.13	0.22	0.37	1.09	0.22	1.59	3.00	1.74	3.26	1.78
硫酸钾	0.43	0.51	0.39	0.76						5.88	1.20
氯化钾					1.16	1.18	1.80	1.57			

二、中微肥

植物缺少中微肥，一定发生重茬病害。中微肥包括 10 种必须元素和 20 多种有益元素，但生产配制通常只需 6 种，其余元素有的不必考虑，有的通过根外肥解决。

1. 钙

有速溶钙和微溶钙两类，速溶钙遇到速溶的中微肥，反应变成微溶钙。因此，钙肥须单独撒施。

2. 硫

多数化肥、粪肥和秸草中都含有硫，工厂冒烟和柴草炊烟也含硫，烟随雨落入土中。因此，多数植物不缺硫，只有大蒜等少数植物需补硫。

3. 锰

多数土壤不缺锰，多施有机肥即满足。只有板栗等少数植物需要大量锰，但褐土类土壤补锰也不起作用。

4. 氯

粪肥都含氯，土中几乎不缺氯，而且大多严重过量，是土壤盐化的祸根。粮棉油类施氯也可，不施氯也可，但大多数瓜果、块根、块茎类植物不能施氯肥。

5. 钠

多数植物不喜钠，只有甜菜、菠菜、甘蓝、马铃薯、荞麦、棉花等少数植物喜钠。土中几乎不缺钠，而且大多严重过量，尤其干旱地区更严重，是土壤盐化的祸根。

6. 硅

土中含硅极多，除水田外一般不缺硅。

7. 钛

土中含钛很多，速溶钛入土即溶，多施有机肥即释放满足。

8. 硒

我国70%的土地缺硒，硒源稀少而贵，土施浪费，可通过根外肥解决。

9. 钒、钴、稀土元素

植物需求量少，土壤中的含量比锌还多，多施有机肥即释放满足。也可通过根外肥解决。

至此尚有镁、铁、锌、铜、硼和钼6种元素必须施入，这6种肥料按植物需求比例配制，为了防止施入土中与磷固定，再辅以多肽酶、氨基酸、黄腐酸、海藻酸、壮根剂和保水剂，即成高效中微肥（以下称3号中微肥）。

3号中微肥有5大优点：①配合氮磷钾平衡施入，高效解除重茬障碍；②适于各种农作物；③速溶，利用率高；④不用造粒，粉状即可，价格低；⑤可作底肥，可作追肥，可作冲施肥，但最宜与有机肥掺施。

3号中微肥施用量：每施入100千克16-8-16复合肥配施40千克。

三、钙肥

钙属于中肥之一，但植物需钙极多，远比磷多，甚至超过氮，而且钙在土中调理土壤结构，因此要大量施钙。不论价格高的速溶钙，还是价格低的微溶钙，施入土壤后都成微溶钙，所以农民不必购买价格高的速溶钙，可以直接施用价格低的微溶钙。中性或酸性土撒石灰20～50千克/亩，碱性土撒石膏50～100千克/亩。石灰和石膏不能与其他肥掺混，必须单施。

速溶钙的缺点是价格高而且固定成微溶钙，微溶钙的缺点是效果慢。可以将贝壳等钙矿煅烧磨细后，配以多肽酶、氨基酸、黄腐酸、海藻酸、壮根剂和保水剂，即成高效钙肥（以下称4号钙肥）。

另外，果树类和果菜类，果梗输钙能力极差，还应于坐果后喷 24 号多功能叶肥补钙。

四、有机肥

有机肥是粪肥、秸草、豆饼、油渣、糖渣、糟渣、粮渣、屠宰料等物料的总称，有机肥用 EM 菌等复合菌发酵，再用光合菌脱臭，即成生物有机肥。

1. 有机肥的作用

生物菌繁殖活动，使有机肥具有下列作用。

①全元提供 16 种必需元素、20 多种有益元素、生长素、氨基酸等营养物质；②生物菌扩繁，消解病菌、肥残、药残和毒素；③产生多肽酶，分解矿物，解磷解钾，释放中微量元素，调动土壤残存肥料；④产生腐殖酸，络合中微量元素，避免缺素症和元素过量危害，并改良盐碱地；⑤产生腐殖质，形成团粒结构，黏土不黏，沙土不沙，土质疏松，保蓄肥水；⑥分解有机质，提高地温，抗击阴冷干旱，产生二氧化碳；⑦固氮。

2. 有机肥的原料（表 4）

①最好的有机肥，采用豆饼、油渣、糖渣、糟渣、粮渣、屠宰料等富含蛋白的物料生产，产生大量多肽酶（以下称 1 号多肽生物有机肥）。②二等有机肥采用粪类生产。③三等有机肥采用秸草生产。④最不好的有机肥，是腐殖酸有机肥，采用褐煤加纯碱生产，那不是肥料，几乎没有营养价值，植物一点也不吸收，而且加了碱有大害。还有的厂家甚至用污水沉淀物和淤泥制造有机肥，坑害农民。⑤另外，农民以为有机质含量越高肥效越高，其实不一定。有机肥的肥效取决于蛋白质的含量，蛋白质含量越高，肥效越高。

3. 有机肥的用量

有的厂家骗农民，神化某种生物有机肥，说几百斤生物有机肥，代替几立方米的粪，甚至不用再施粪或化肥。结果如何？第 1 年可能行，第 2 年就不行了。试想，生物有机肥只是增加了某种高效生物菌，但营养物质并没有增加多少，几百斤生物有机肥怎能代替几立方米的粪呢？更代替不了化肥。

有机肥的用量通常是：每施入 16-8-16 复合肥 100 千克，配施发酵鸡粪 2 立方米或相应数量其他有机肥，并掺入 1 号多肽生物有机肥 100 千克以上（表 4）。

4. 有机肥施用注意事项

粪肥含病、虫、草、毒，须用生物菌发酵。饼肥易发热，莫集中施用。秸草还田消耗氮肥，应按秸草量的 0.8%补氮。绿肥可以直接压青还田。

表 4　有机肥元素含量

（表中氮磷钾钙镁硅为%含量，其余为毫克/千克含量。）

(%)	氮	磷	钾	钙	镁	硅	铁	锰	锌	铜	硼	钼
人粪尿	0.64	0.11	0.19	0.25	0.07	0.25	294	46	21	5	0.7	0.33
猪粪尿	0.24	0.07	0.17	0.3	0.1	4.02	700	73	20	7	1.42	0.2
马粪尿	0.44	0.13	0.38	0.48	0.13	4.4	1 622	132	53	10	3	0.35
牛粪尿	0.35	0.08	0.42	0.4	0.1	3.66	943	139	23	5.7	3.17	0.26
羊粪尿	1.01	0.22	0.53	1.3	0.25	4.86	2 581	268	52	14	10.3	0.59
兔粪尿	0.87	0.3	0.65	1.06	0.26	6	2 390	150	49	17	9.33	0.75
鸡粪	1.03	0.41	0.72	1.35	0.26	14	3 540	164	66	14	5.41	0.51
鸭粪	0.71	0.36	0.55	2.9	0.24		4 518	3 743	62	16	13	0.37
鹅粪	0.54	0.22	0.52	0.73	0.2		3 343	173	48	14	11	0.32
鸽粪	2.48	0.72	1.02				2 364	273	212	15		0.57
蚕沙	1.18	0.15	0.97	1.71	0.4	1.74	432	63	16	7.4	7.05	0.23
饼肥	5.31	0.62	0.98	1.97	1.51	2.96	590	74	110	18	18	0.49
堆肥	0.44	0.09	0.33	1.00	0.15	8.30	3 271	283	32	11.3	10.1	0.23
沤肥	0.23	0.09	0.55	0.15	0.13		5 555	201	36	9.63		0.15
菜秸（干）	2.87	0.38	2.89	2.78	0.53	2.40	1 488	132	41	13	22	0.62
豆科秸（干）	2.05	0.21	1.22	1.36	0.44	2.13	923	186	38	16	19	0.95
其他秸（干）	0.98	0.26	1.46	0.95	0.23	2.90	390	82	34	12	10	0.56
旱绿肥（鲜）	0.54	0.06	0.41	0.40	0.06	0.21	193	22	15	4.21	3.94	0.56
水绿肥（鲜）	0.25	0.04	0.39	0.22	0.05	0.34	558	81	8	1.4	2.85	0.15

注：①饼肥包括豆饼、花生饼、棉籽饼、油菜饼、芝麻饼、葵花饼、蓖麻籽饼等；②堆肥为秸秆、杂草、落叶与粪尿肥堆积腐熟而成；③沤肥为秸秆、杂草、落叶与粪尿肥混合后，在低洼嫌气条件下沤制而成；④菜秸包括甘薯秧、马铃薯秧、各种瓜藤、辣椒、茄子、番茄等各种蔬菜茎叶；⑤豆科秸包括大豆、绿豆、蚕豆、豌豆、花生等；⑥其他秸包括水稻、玉米、小麦、谷子、高粱、油菜、棉花、麻、烟等各种植物；⑦旱绿肥包括紫云英、苕子、箭舌豌豆、草木樨、黄花苜蓿、肥田萝卜、油菜、蚕豆、豌豆、田菁、柽麻、绿豆、豇豆、紫花苜蓿、紫穗槐、沙打旺、三叶草等；⑧水绿肥包括绿萍、水花生、水葫芦、水浮莲等

附 1. 生物菌肥

生物菌是四肥平衡解重茬必不可少的辅助，按功能可划分为解磷的菌、解钾的菌、固氮的菌、光合的菌、抗病的菌、治虫的菌、壮根的菌等。互不相容的菌不能掺混，相容相助的菌可以掺混为复合菌，掺混后的作用更全面，例如酵素菌和 EM 菌等。复合菌主要由下列菌群菌种组成：

1. 木霉菌群

厌氧加好氧，真菌类。作用是防治病害，如哈茨木霉菌 T-22 用于防治立枯病、猝倒病、根腐病等地下烂根病；哈茨木霉菌 G-41 用于防治白粉病、锈病、霜霉病、灰霉病、叶霉病、叶斑病、褐斑病、炭疽病等地上真菌病害。治病原理

是：①产生几丁质酶、葡聚糖酶、纤维素酶和蛋白酶等，分解病菌的细胞壁，将病菌杀死；②产生抗生毒素，抑制病菌生存；③快速繁殖，夺取养分，不利于病菌扩展；④刺激植株生长，增强抗病力。

使用方法：浸种、蘸根、灌根、冲施、叶面喷雾皆可。湿度越大防治效果越好。

2. 青霉菌群

厌氧加好氧，真菌类，如淡紫拟青霉。第一个作用是防治害虫，杀死线虫、地下害虫和部分地上害虫如飞虱、叶蝉、蛴螬、象鼻虫、灯蛾等。治虫原理是：①菌丝包围线虫卵后，产生几丁质酶，破坏线虫卵壳，侵入线虫卵内，杀死线虫卵；②分泌毒素，杀死害虫。第二个作用是产生多肽酶、葡聚糖酶、淀粉酶等，分解释放固定的磷和中微量元素，促进有机物发酵腐解。第三个作用是产生生长素，促进植物生长。

使用方法：浸种、蘸根、灌根、冲施、叶面喷雾皆可。

3. 曲霉菌群

又叫丝状菌，厌氧加好氧，真菌类。作用是产生淀粉酶、纤维素酶、蛋白酶和磷酸二酯酶等，将粪肥秸草等有机物中的淀粉、纤维素和木质素发酵分解，形成糖和其他小分子物质。常用于酿酒、酿醋、酿酱油等酿造过程的前段，也用于粪肥秸草的发酵腐解。

4. 乳酸菌群

厌氧，细菌类。作用是将粪肥秸草等有机物中的淀粉、纤维素和木质素发酵分解，形成乳酸和其他小分子物质。常用于泡菜、酸奶、酱油、豆豉、青贮饲料等，也用于粪肥秸草的发酵腐解。

5. 酵母菌群

好氧加厌氧，真菌类。作用是有氧时将糖发酵分解成二氧化碳和水，缺氧时将糖发酵分解成二氧化碳、乙醇（即酒精）或乙酸（即醋）。常用于酿酒、酿醋、粪肥秸草发酵腐解过程的后段。

6. 放线菌群

好氧，放线菌类，如链霉菌等。分布广泛，在含水量低、有机物丰富、呈中性或微碱性的土壤中数量最多，土壤特有的泥腥味，主要是放线菌的代谢产物所致。第一个作用是杀死多种细菌和真菌病害，但也不利于木霉菌和青霉菌生存。治病原理是产生抗生素，杀灭病菌，目前广泛应用的抗生素约70%是各种放线菌所产生。第二个作用是产生多肽酶、淀粉酶和纤维素酶等，分解蛋白质、几丁质、淀粉、木质素、纤维素等，可用于粪肥发酵、秸草腐解、甾体转化、烃类发酵、石油脱蜡和污水处理等。

使用方法：浸种、蘸根、灌根、冲施、叶面喷雾、粪肥发酵等。

7. 芽孢菌群

好氧加厌氧，细菌类。作用是：巨大芽孢杆菌解磷、硅酸盐细菌（又叫胶质芽孢杆菌）解钾、枯草芽孢杆菌治病、苏云金芽孢杆菌治虫等。但也不利于木霉菌和青霉菌生存。功能特点是：

①生命力强：耐高温、耐低温、耐强光、耐酸、耐碱、耐干燥、耐辐射、耐肥料、耐化学毒物。国标规定微生物肥料氮磷钾含量不宜超过18%，而该菌在氮磷钾含量30%的化肥中正常生存。普通菌一般6个月失活，而该菌有效期可达3年之久。②繁殖快：在土壤中20分钟即繁殖一代，条件适宜时四小时增殖10万倍。③分解力强：第一，芽孢菌将蛋白质分解，产生多肽酶、脂肪酶、淀粉酶等许多催化酶；第二，这些催化酶将粪肥、污水、秸草等有机物质中的大分子分解，产生氨基酸、生长素等多种活性物质和营养；第三，这些催化酶将土壤矿物分解，释放磷、钾和中微量元素，解决重茬障碍。④杀病虫力强：枯草芽孢杆菌产生枯草菌素、多粘菌素、制霉菌素、短杆菌肽、几丁质酶等抗生素，强力抑制病菌。苏云金芽孢杆菌产生晶体蛋白毒素，杀灭各种害虫。⑤保湿性强：产生聚麸胺酸，成为土壤的天然保护膜，防止肥水流失。⑥高效速效长效：起死回生，返老还童，解除重茬，消除烂根，快速发根，强壮植株，抗旱抗涝，提早上市，提高品质，产量大增。

有的厂家号称生物菌能解重茬，实际上单靠生物菌不能解重茬。重茬障碍有4个原因，磷过剩固定中微量元素是根本原因，生物菌不能直接解磷、解钾、释放中微量元素、也不能直接消灭病菌，而是生物菌产生的多肽酶和抗生素在起作用。生物菌产生多肽酶需要蛋白质，蛋白质来自于粪肥、豆饼、油渣、糖渣等有机肥。所以，生物菌应与富含蛋白质的粪肥、豆饼、油渣、糖渣等有机肥配施，才能发挥奇效，解决重茬。

8. 固氮菌群

好氧，主要是细菌类。固氮菌繁殖，产生固氮酶，可以轻易把氮气转化成氮肥，人类远远比不上固氮菌，固氮菌每年从空气中约固定1.5亿吨氮肥，是全世界生产氮肥总量的3倍。而工业生产氮肥，不仅需要高温、高压等非常苛刻的条件，而且还浪费大量原料。固氮菌群又分为三类。

①共生固氮：如根瘤菌，在豆科植物根内与根共生，形成根瘤，利用植物营养生存、繁殖、固氮，为共生植物提供氮源。②自生固氮：如圆褐固氮菌，在土壤中就能够从空气中吸收氮气，利用土壤营养生存、繁殖、固氮，死后遗体“捐赠”给植物，让植物得到大量氮肥。③联合固氮：如雀稗固氮菌，在禾本科植物的近根土壤、根表和根表皮间隙中，利用根系分泌物生存、繁殖、固氮，死后遗

体“捐赠”给植物，让植物得到大量氮肥。

使用方法：浸种、蘸根、灌根、冲施等。

9. 光合菌群

好氧加厌氧，主要是细菌类。光合菌将小分子物质合成为植物能利用的有机营养。已发现60多种，又分为两类。

①产氧光合细菌：即蓝细菌，又叫蓝藻或蓝绿藻，呈特殊的蓝色。全球分布极广，干不坏，淹不死，80℃以上的热泉、高盐的湖泊等极端环境也能生存。它与绿色植物一样，进行光合作用，吸收二氧化碳，产生氧气，并产生固氮酶固氮。只要有阳光、水分、二氧化碳和少量矿物质，便能快速生长。水田中可培育为生物肥源。②不产氧光合细菌：广泛分布潮湿缺氧的环境，耐高温耐高盐，在缺氧的环境中进行光合作用，但不产生氧气。以光和热为能源，将二氧化碳、硫化氢、肥残、药残、毒素、有机酸、氮气、氨、醣、醛、醇、酮等有害的小分子物质，合成为氨基酸、多肽酶、蛋白质、维生素、辅酶Q、抗病毒物质和生理活性物质等高级营养，因而能够使粪水和污水等脱臭。光合细菌不但本身有很强的固氮能力，而且有利于芽孢菌繁殖以解磷、解钾、释放中微量元素，有利于放线菌繁殖以控制真菌类的病菌发展，但也不利于木霉菌和青霉菌生存。

使用方法：浸种、蘸根、灌根、冲施等。可使粪水和污水脱臭，粪肥发酵后期添加。

10. 菌根菌群

好氧，真菌类，如VA菌根。功能特点是：菌丝体进入植物根的皮层细胞间和细胞内，与根系共生，协助根系吸收肥料养分，并产生酶，促进根系生长。

附2. 壮根肥和叶肥

壮根肥和叶肥是四肥平衡解重茬必不可少的辅助，有奇效，作用极大，但不能代替土壤施肥。壮根肥和叶肥有壮根的、促芽的、调控的、壮株的、保花的、坐果的、膨果的、美果的、增色增甜的。为了简单实用，可以配制成21号壮根肥、23号调控剂和24号多功能叶肥。

第十一节　各类植物平衡施肥

一、果树类（早熟品种，包括大棚果）

桃、李、杏、樱桃、葡萄、桑椹等。

1. 底肥

采果15天后，亩施EM菌发酵粪5立方米以上，掺入1号多肽生物有机肥

250千克左右，尿素20千克，硫酸钾20千克，3号中微肥50千克，地面撒4号钙肥50千克。

2. 追肥

土壤解冻后，亩施2号复合肥100千克，冲施21号壮根剂和EM菌。

3. 调控肥

萌芽前喷3%尿素+0.5%硫酸锌，萌芽后（避开花期）喷5~8次24号叶肥，枝叶满园后旺长喷23号调控剂。

二、果树类（中晚熟品种）

桃、李、杏、苹果、梨、柿、枣、山楂、石榴、核桃、葡萄、猕猴桃等。

1. 底肥

9月亩施EM菌发酵粪5立方米以上，掺入1号多肽生物有机肥250千克左右，3号中微肥50千克，地面撒4号钙肥50千克。

2. 追肥

土壤解冻后亩施2号复合肥65千克，尿素2千克，冲施21号壮根剂和EM菌。6月亩施2号复合肥65千克，硫酸钾20千克。

3. 调控肥

萌芽前喷3%尿素+0.5%硫酸锌，萌芽后（避开花期）喷5~8次24号叶肥，枝叶满园后旺长喷23号调控剂。

三、果菜类（长期生长型）

茄子、番茄、青椒、黄瓜、西葫芦、丝瓜、冬瓜、苦瓜、菜豆、豇豆等。

1. 底肥

如果烂根和线虫严重（不严重不用），亩施氰氨化钙80千克左右、浇水盖地膜，一个月后施底肥并播种移苗。亩施EM菌发酵粪10立方米以上，掺入1号多肽生物有机肥1 000千克左右，2号复合肥50千克，3号中微肥40千克，地面撒4号钙肥50千克。栽植穴内施木霉菌和淡紫拟青霉。

2. 追肥用药

每收获1 000千克产品，冲施2号冲施肥18千克左右（促旺配少量尿素），3号中微肥7千克，1号多肽生物有机肥50千克左右，冲施21号壮根剂和EM菌。烂根发生后用31号杀菌剂灌穴。苗期开始防治线虫，每月灌一次杀线虫剂。配方是：阿维菌素原粉（或中药杀线虫剂）+淡紫拟青霉。

3. 调控肥

经常喷24号叶肥，旺长喷23号调控剂。

四、果菜类（短期生长型）

草莓、矮番茄、矮西葫芦、西瓜、甜瓜、矮菜豆、矮豇豆等。

1. 底肥

如果烂根和线虫严重（不严重不用），亩施氰氨化钙 80 千克左右、浇水盖地膜，一个月后施底肥并播种移苗。亩施 EM 菌发酵粪 2 立方米以上，掺入 1 号多肽生物有机肥 200 千克左右，2 号复合肥 50 千克，3 号中微肥 40 千克，地面撒 4 号钙肥 30 千克。栽植穴内施木霉菌和淡紫拟青霉。

2. 追肥用药

膨果前冲施两次，每次每亩冲施 2 号冲施肥 25 千克左右（促旺配少量尿素），1 号多肽生物有机肥 50 千克左右，冲施 21 号壮根剂和 EM 菌。烂根发生后用 31 号杀菌剂灌穴。苗期开始防治线虫，每月灌一次杀线虫剂。配方是：阿维菌素原粉（或中药杀线虫剂）+淡紫拟青霉。

3. 调控肥

经常喷 24 号叶肥，旺长喷 23 号调控剂。

五、叶菜类

白菜、小白菜、甘蓝、小油菜、芹菜、菠菜、韭菜、大葱、洋葱、莴苣、白萝卜等。

1. 底肥

如果烂根和线虫严重（不严重不用），亩施氰氨化钙 80 千克左右、浇水盖地膜，一个月后施底肥并播种移苗。亩施 EM 菌发酵粪 1. 5 立方米以上，掺入 1 号多肽生物有机肥 150 千克左右，2 号复合肥 30 千克，3 号中微肥 25 千克，地面撒 4 号钙肥 20 千克。栽植穴内施木霉菌和淡紫拟青霉。

2. 追肥用药

旺长期冲施两次，每次每亩冲施 2 号冲施肥 18 千克左右（促旺配少量尿素），1 号多肽生物有机肥 50 千克左右，冲施 21 号壮根剂和 EM 菌。烂根发生后用 31 号杀菌剂灌穴。苗期开始防治线虫，每月灌一次杀线虫剂。配方是：阿维菌素原粉（或中药杀线虫剂）+淡紫拟青霉。

3. 调控肥

经常喷 24 号叶肥，促长用赤霉素。

六、根菜类

甘薯、马铃薯、芋头、山药、牛蒡、胡萝卜、甜菜、芜菁、大蒜、大姜等。

1. 底肥

如果烂根和线虫严重（不严重不用），亩施氰氨化钙 80 千克左右、浇水盖地膜，一个月后施底肥并播种移苗。亩施 EM 菌发酵粪 2 立方米以上，掺入 1 号多肽生物有机肥 200 千克左右，2 号复合肥 45 千克，3 号中微肥 35 千克，地面撒 4 号钙肥 50 千克。栽前烂根用 32 号浸种块，栽植穴内施木霉菌和淡紫拟青霉。

2. 追肥用药

膨果前冲施两次，每次每亩冲施 2 号冲施肥 25 千克左右（促旺配少量尿素），1 号多肽生物有机肥 50 千克左右，冲施 21 号壮根剂和 EM 菌。发生烂根病用 31 号（姜瘟再加 32 号）杀菌剂灌穴。苗期开始防治线虫，每月灌一次杀线虫剂。配方是：阿维菌素原粉（或中药杀线虫剂）+淡紫拟青霉。

3. 调控肥

经常喷 24 号叶肥，旺长喷 23 号调控剂。

七、禾谷类

小麦、水稻、玉米、高粱、谷子等。

1. 底肥

亩施 2 号复合肥 50 千克左右，3 号中微肥 40 千克以下，地面撒 4 号钙肥 20 千克，水稻加硅肥适量。

2. 追肥

因为秸秆还田，部分磷和大部分钾、钙、镁、硅归还土壤，所以拔节初期亩施尿素 50 千克左右，即大获高产。

3. 调控肥

拔节前喷 24 号叶肥，拔节初期（玉米在 1%雄穗抽出时）旺长喷 23 号调控剂。

八、豆科类

花生、大豆、绿豆、豌豆、蚕豆等。

1. 底肥

秸秆还田或亩施 EM 菌发酵粪 1.5 立方米以上，2 号复合肥 30 千克，3 号中微肥 25 千克，地面撒 4 号钙肥 20 千克。

2. 追肥

因为豆科植物固氮，还因为秸秆还田，部分磷和大部分钾、钙、镁、硅归还土壤，所以花荚初期亩施 2 号复合肥 30 千克即可。

3. 调控肥

花荚期之前喷 24 号叶肥，盛花后期旺长喷 23 号调控剂。

九、棉花

1. 底肥

亩施EM菌发酵粪2立方米以上，掺入1号多肽生物有机肥200千克左右，2号复合肥30千克，3号中微肥40千克，地面撒4号钙肥50千克。如果烂根严重（不严重时不用），沿行埋氰氨化钙。

2. 追肥

蕾期亩施2号复合肥20千克；铃期亩施2号复合肥50千克，尿素6千克，氯化钾7千克；盖顶期亩施尿素6千克。

3. 调控肥

经常喷24号叶肥，盛花期旺长喷23号调控剂。

十、油菜

1. 底肥

亩施EM菌发酵粪2立方米以上，掺入1号多肽生物有机肥200千克左右，2号复合肥50千克，3号中微肥40千克，地面撒4号钙肥20千克。

2. 追肥

初花期亩施2号复合肥50千克，尿素6千克。

3. 调控肥

经常喷24号叶肥，旺长期喷23号。

十一、烟叶

1. 底肥

亩施EM菌发酵粪1.5立方米以上，掺入1号多肽生物有机肥150千克左右，2号复合肥45千克，3号中微肥35千克，地面撒4号钙肥50千克。如果烂根严重（不严重不用），沿行埋氰氨化钙，播种穴内施木霉菌。

2. 追肥

旺长期亩施2号复合肥45千克，尿素18千克，硫酸钾32千克。

3. 调控肥

经常喷24号叶肥，旺长期喷23号。

十二、芦笋

1. 底肥

采后一个月，亩施EM菌发酵粪2立方米以上，掺入1号多肽生物有机肥

200千克左右，2号复合肥40千克，3号中微肥40千克，地面撒4号钙肥50千克。

2. 追肥

7月冲施两次，每次每亩冲施2号冲施肥25千克左右（促旺配少量尿素），1号多肽生物有机肥50千克左右，冲施21号壮根剂和EM菌。

3. 调控肥

经常喷24号叶肥。

十三、桑叶和茶叶

1. 底肥

秋季亩施EM菌发酵粪2立方米以上，掺入1号多肽生物有机肥200千克左右，3号中微肥40千克，地表撒4号钙肥50千克。

2. 追肥

春夏两次追肥，每次每亩2号复合肥40千克，尿素10千克，1号多肽生物有机肥50千克左右，冲施21号壮根剂和EM菌。

3. 调控肥

经常喷24号叶肥。

第十二节　无土栽培

一、无土栽培的优点

根据植物生长发育特点，人为控制元素平衡，使植株长势不衰，易获高产优质。

不受土壤条件限制，沙漠、荒原都可栽培。

无耕作锄草，省工省力。

无虫无土传病害，几乎不用药，无农药残留。

无盐分和毒物积累，无土壤连作障碍。

二、无土栽培的方法

最常用方法是基质栽培，即将基质材料置于栽培槽内，然后栽种蔬菜，以滴灌或细流灌溉的方式，供给植物营养液。

三、无土栽培的基质

无机基质有岩棉、沙砾、浮石、珍珠岩、炉渣、陶土粒、塑料粒等。有机基质有草炭、锯末、稻壳、麦糠、棉皮、树皮等。

四、无土栽培的营养液配制

常用肥料有硝酸钾、硝酸铵、硝酸钙、硫酸镁以及螯合态微量元素。一般将含钙物质单用一容器，其他元素用一个容器，使用时稀释后混合在一起，然后浇灌植株。pH 值 5.5~6.5 为宜，偏高时用硫酸、盐酸或磷酸调整，偏低时用氢氧化钾或氢氧化钠调整。如果易生绿藻，是因为缺氮磷或缺铁（表 5）。

表 5　无土栽培营养液配方

（毫克/升）

	霍格兰氏配方	斯瓦兹配方	册崎哉配方	来斯配方	格拉维斯配方
氮	210	126	152	175	175
磷	31	93	31	65	60
钾	234	312	234	400	400
钙	160	124	140	197	225
镁	48	43	48	44	50
硫	64	160	—	197	—
铁	0.6	—	3	2	3
锰	0.5	—	1	0.5	1
铜	0.02	—	0.05	0.03	0.1
锌	0.05	—	0.2	0.05	0.1
硼	0.5	—	0.3	0.5	0.4
钼	0.01	—	0.004	0.02	0.05

附：常用化肥的简易鉴别（表 6）

表 6　化肥的简易鉴别

肥料	外观	在水中溶解性	与碱反应	加氯化钡及醋酸反应	加硝酸银反应	在燃烧的木炭上反应	酸碱性
硝酸铵	白色或微黄色的结晶，常结块	溶解	有氨味	可形成微混浊，加醋酸不溶解	微混浊可有少量沉淀	强烈燃烧，有氨味	弱酸
硫酸铵	白色透明结晶	溶解	有氨味	大量白色沉淀	微混浊	发白烟，有氨味	弱酸
碳酸氢铵	白色结晶	溶解	有氨味	—	—	白烟、氨味	碱性
石灰氮	黑色粉末，有煤油味	基本不溶	—	—	—	基本无变化	碱性
氯化铵	白色结晶	溶解	有氨味	—	白色沉淀	有氨味	弱酸

（续表）

肥料	外观	在水中溶解性	与碱反应	加氯化钡及醋酸反应	加硝酸银反应	在燃烧的木炭上反应	酸碱性
硝酸钠	白色结晶	溶解	—	可形成微混浊，加醋酸不溶解	微混浊或有少量沉淀	强烈燃烧，黄色火焰	中性
硝酸钾	白色结晶	溶解	—	可形成微混浊	微混浊	强烈燃烧，紫色火焰	中性
过磷酸钙	淡灰色粉末，有酸味	部分溶解有残渣	—	显著混浊，但加醋酸后溶解	淡黄色深液或沉淀	几无变化，但有酸味	酸性
沉淀磷肥	白色细末	不溶	—	几乎无混浊	沉淀物上部带黄色	几无变化	酸碱性
钢渣磷肥	暗色粉末，比重大	不溶	—	—	经几个小时后沉淀物上部带黄色	—	碱性
钙镁磷肥	灰白色或褐色	不溶	—	—	黄色沉淀	—	碱性
磷矿粉	细粉状，颜色各种各样，比重大	不溶		—	黄色沉淀	—	中性
骨粉	白色粉末	溶解	有氨味	—	—	很快变黑有烧骨头的气味	—
肥料	外观	在水中溶解性	与碱反应	加氯化钡及醋酸反应	加硝酸银反应	在燃烧的木炭上反应	酸碱性
磷铵	白色结晶粉末	溶解	—	大量沉淀产生，但加醋酸后溶解	出现黄色溶液和沉淀	迅速熔化，冒泡，有氨味	—
氯化钾	白色结晶或淡红色晶体	溶解	—	无作用或微混浊	大量的白色絮状沉淀产生	大结晶破裂	中性
硫酸钾	细结晶			大量白色沉淀，不溶于醋酸	有白色沉淀	结晶破裂	中性

第三章

产中技术创新——病虫害防治技术

第一节　古代的病虫害防治

说到病虫，人人头痛；说到防疫，如临大敌。可见病虫害防治的重要性。

大家想一想，如果把现代的病虫状况拿到古代，古人还能活吗？没有化学农药，如何防治病虫？其实，古代防治病虫不像我们现代如此复杂。

一是，古代没有化学农药，病虫与其天敌保持天然的生态平衡。

二是，古代全球各地难以沟通，物种难以传播，没有异地病虫传入，同样保持着生态平衡。

贾思勰在《齐民要术》中主要介绍了以下几种方法。

第一，是利用气候条件："冬雨雪止，辄以蔺之，掩地雪，勿使从飞飞去；後雪复蔺之；则立春保泽，冻虫死，来年宜稼。得时之和，适地之宜，田虽薄恶，收可亩十石。"

第二，是利用生产条件："以水净淘瓜子，以盐和之。盐和则不笼死"。"触露不掐葵，日中不剪韭。""旦起，露未解，以杖举瓜蔓，散灰於根下。後一两日，复以土培其根，则迴无虫矣"。"薄田不能粪者，以原蚕矢杂禾种种之，则禾不虫"。"有蚁者，以牛羊骨带髓者，置瓜科左右，待蚁附，将弃之。弃二三，则无蚁"。"葵子虽经岁不浥，然湿种者，疥而不肥也"。引用《氾胜之术》曰："牵马令就谷堆食数口，以马践过为种，无虸蚄，厌虸蚄虫也。"引用崔寔曰；"种瓜宜用戊辰日。三月三日可种瓜。十二月腊时祀炙萐，树瓜田四角，去蓋。""令立秋前治讫。立秋後则虫生。蒿、艾箪盛之，良。以蒿、艾蔽窖埋之，亦佳。

窖麦法：必须日曝令乾，及热埋之。多种久居供食者，宜作劁才�切麦：倒刈，薄布，顺风放火；火既著，即以扫帚扑灭，仍打之。如此者，经夏虫不生；然唯中作麦饭及面用耳”。

第三，是制作生物农药：“又取马骨剉一石，以水三石，煮之三沸；漉去滓，以汁渍附子五枚。三四日去附子，以汁和蚕矢，羊矢各等分，挠，令洞洞如稠粥。先种二十日时，以溲如麦饭状。常天旱燥时溲之，立干，薄布数挠，令易干。明日复溲。天阴雨则勿溲。六七溲而止。辄曝，谨藏，勿令复湿。至可种时，以余汁溲而种之，则禾稼不蝗虫。无马骨，亦可用雪汁。雪汁者，五谷之精也，使稼耐旱。常以冬藏雪汁，器盛，埋於地中。治种如此，则收常倍。”“骨汁、粪汁溲种：剉马骨、牛、羊、猪、麋、鹿骨一斗，以雪汁三斗，煮之三沸。取汁以渍附子，率汗一斗，附子五枚。渍之五日，去附子。捣麋、鹿、羊矢等分，置汗中熟挠和之。候晏温，又溲曝，状如‘后稷法’，皆溲汁乾乃止。若无骨，煮缲蛹汁和溲。如此则以区种之，大旱浇之，其收至亩百石以上，十倍於‘后稷’。此言马、蚕，皆虫之先也，及附子，令稼不蝗虫，骨汁及缲蛹汁皆肥，使稼耐旱，终岁不失於获。

第二节　现代的病虫害防治

当今，化学农药的使用和全球物种流通，打破了这种由来已久的生态平衡。因此，防治病虫成了一门复杂而重要的学科。

能识别并防治病虫害的专家，让人刮目相看。然而，植物病虫害万种而不止，谁能分辨清楚并都能叫上名来？谁也不能！

植物生长季节，几乎天天都有病虫害发生，难道农民天天打药吗？这是不可能的。

每种病虫害都有自己的发生特点，如果一种病虫害一种治法，那么万种病虫害就有万种治法，这绝对办不到。

怎么办呢？可以将病虫害分类，每类有每类的治法（笔者之一蔡英明已将该技术申请专利：201110113713.5）。

植物病害防治

一、生理病

不腐烂，不传染。

1. 高温

长势缓慢，严重时死亡，如果湿度大则沤根染病。叶片筒状上卷，硬、脆、厚、小，失水萎焉，日灼烧伤。落花落果，果形扁，裂纹裂口，瓜类短、弯、苦。防治：干旱浇水，大棚放风挡光。

2. 高夜温

植株徒长虚弱，叶薄色浅，落花落果，果小畸形，成熟慢，着色差，品质劣，番茄筋腐。防治：露地难解，大棚可调。

3. 冻害

春秋霜冻严重，植株停长，叶片脱落，落花落果，瓜果畸形。冬季冻害严重，林果大枝裂纹，根脖子冻死。大棚进出口和放风口处，叶片皱缩、破碎、反卷、焦枯。防治：挡风，遮盖，灌水，傍晚喷水，夜间点火生烟，树干涂白，林果根脖子埋土。

4. 冻旱

冬春季节，因寒冷、干旱、多风而导致林果枝条失水干枯。防治：初秋控水控氮，冬季封冻水浇透。

5. 夜温低

生长缓慢，叶片花斑，落花落果，瓜果裂口畸形。防治：露地难解，大棚可调。

6. 地温低

根弱株弱，极易染病，严重死株。叶小叶薄，嫩叶黄化。落花落果，瓜果小而畸形，成熟推迟。防治：高垄栽植，地膜覆盖，膜下浇水，药物和生物菌肥促根。

7. 阴冷

低温弱光，根弱株弱，甚至停长，浇水死根，极易染病，连阴天转晴易闪秧死棵。叶小叶薄，嫩叶黄化，出现泡泡叶、花斑叶、伞形叶等。落花落果，瓜果小而畸形，番茄筋腐空洞，品质劣，着色差，成熟慢。防治：高垄栽植，地膜覆盖，膜下浇水，药物和生物菌肥促根，夜间补光增温。

8. 强光

叶片扭曲，白色斑块，容易误诊。果实灼部变白变黄，凹陷干缩裂口，果肉坏死褐变。菜花散球。防治：揭掉地膜，及时灌水，多留枝叶，大棚挡光。

9. 干旱

生长缓慢，甚至停长。叶片筒状上卷，硬、脆、厚、小，失水萎焉，日灼烧伤。落花落果，果形扁，裂纹裂口，瓜类短、弯、苦，甚至日灼。防治：浇水。

10. 潮湿

根弱沤根，严重时萎蔫、停长、死株。叶色黄化，低温时污绿色充水，严重时焦枯，极易染病。落花落果。防治：高垄栽植，大棚放风排湿。

11. 氨害

新枝变褐，严重时全株枯死。叶片初为水渍状，后迅速变褐干枯。花变黑褐，不再开放。防治：氨态氮肥不与碱性肥混施，不要集中穴施，有机肥要发酵腐熟。

12. 硫害

叶片气孔多的部位出现斑点，严重时整叶水浸状，并变白干枯。防治：露地工厂煤烟污染，无解。大棚不用生粪，不点火冒烟，及时通风。

13. 药害

叶片积药处烧伤。防治：合理配方，浓度适宜，不重喷，避高温。

14. 乙烯害

叶小而畸形，向上扭曲。果实皮薄肉软，褐色凹陷；瓜类雌花太多，坐果反而很少。防治：控制乙烯利浓度。

15. 2，4-D 害

茎蔓凸起，颜色变浅。叶片下弯，细长皱缩，扭曲畸形，僵硬易碎。果实畸形。防治：控制 2，4-D 浓度。

16. 酸害

大量锰、铝、铅等重金属元素释放，导致根弱根死，植株瘦弱。叶片出现多种缺素症，还产生二氧化氮气害，叶片水渍状斑纹，并变白干枯。防治：少施含氯的肥，撒施石灰。

17. 盐害

根少，头齐钝，褐变。植株矮小，生长缓慢，甚至枯死。叶片小，表面有蜡质及闪光感，严重时叶缘卷曲或叶片下垂，叶色褐变、坏死，甚至落叶，有的叶缘出现盐渍。瓜果畸形。防治：少施含氯的肥，撒施石灰或石膏，多施有机肥，大水灌溉洗盐，覆盖地膜减少水分蒸发。

18. 重茬

根弱根死，植株瘦弱，生长发育不良，低产质差。叶片出现多种缺素症。防治：详见施肥技术。

19. 砧弱

砧木不好或嫁接不亲和，导致植株瘦弱，甚至死亡。落花落果，瓜果小而畸形。防治：选择优良砧木。

20. 深栽

根弱沤根，株弱易病。叶片小、薄、黄。落花落果，瓜果小而畸形。防治：高垄栽植，多施有机肥，微灌。

21. 超产

根弱株弱，甚至停长。叶小而薄，叶色浅。瓜果小而畸形，成熟推迟，下一轮落花落果。防治：控制产量，加大肥水。

22. 化肥烧根

木本植物与烧根同侧的枝，皮层腐烂，甚至大枝枯死。草本植物叶片出现坏死斑，界限明显，有多种颜色。防治：不要一次施化肥太多太集中，避免高温干旱。

23. 有机肥害

有机肥没经发酵腐熟，含有病菌、线虫、草种、毒素，并释放氨气、硫化氢等毒气，伤根伤叶。防治：有机肥预先发酵腐熟，或随水冲施生物菌。

24. 缺有机肥

叶小、薄、叶色浅。植株瘦弱。落花落果，瓜果小而畸形。防治：增施有机肥。

25. 13 种元素缺乏症状

详见施肥技术。

26. 13 种元素过量症状

详见施肥技术。

二、病毒病

不腐烂，但传染。

1. 普通病毒病

病原：由蛋白质和核酸组成，无酶系统，比细菌还小，没有细胞结构，专一寄生，在植物细胞中增殖，有的整合到宿主的基因组中，在植物细胞之外以无生命的生物大分子存在，并长期保持其侵染活力，对一般抗生素不敏感，但对干扰素敏感。

病名与症状：花叶病、银叶病、皱叶病、卷叶病、扇叶病、斑点病、黄斑病、袍斑病、环斑病、线纹斑病、褪绿叶斑病、黄顶病、枯顶病、痘病、茎痘病、肿枝病、扁枝病、软枝病、垂枝病、栓皮病、小果病、锈果病等。

病因：种苗带病毒，高温干旱，昆虫传播，缺钼，磷过量导致缺锌和缺铜。

防治：①磷肥不过量，配施 3 号中微肥；②采用无病毒种苗或抗性品种或抗性砧木；③种苗消毒；④降温保湿；⑤防治昆虫；⑥减少伤口；⑦药剂防治：病毒一旦发生，几乎无药可治，所以应从苗期开始防治。药剂有铜制剂、钼制剂、碘制剂、中药制剂、二氧化氯、二氯异氰尿酸钠、三氯异氰尿酸钠、三氮唑核苷酸、盐酸吗啉胍等，上述药复配成 32 号和 33 号制剂，用时掺入 24 号多功能叶肥。

2. 类菌体病毒病

病原：类菌体介于细菌和病毒之间，比细菌小比病毒大，没有细胞壁。

病名与症状：表现为芽体巨大、叶片黄化、植株矮化、侧枝丛生、花器变叶等，例如桃西方X病、梨树衰退病、枣疯病、柑桔黄龙病、桑矮缩病、泡桐丛枝病、茄子小叶病、马铃薯丛枝病、翠菊黄化病、玉米矮化病、水稻黄萎病等90种左右。

病因：发病条件是种苗带病毒，高温干旱，嫁接和分株传染，昆虫传播，磷过量导致缺锌、缺铜、缺钼。

防治：①磷肥不过量，配施3号中微肥；②采用无病毒种苗或抗性品种或抗性砧木；③种苗消毒；④降温保湿；⑤防治昆虫；⑥减少伤口；⑦手术治疗：适于林木和果树。类菌体在韧皮部内传导，秋冬从枝叶传至根，早春树液流动时从根传至树上。因此阻挡类菌原体传导，即可防治。方法是：土壤化冻前，先剪去疯枝并将疯枝同侧根切断，再用手锯在树干下部锯3~4道环状沟，切断皮层但不能深入木质部，伤口处埋土；⑧药剂防治：类菌体病毒一旦发生，几乎无药可治，所以应从苗期开始防治。药剂有四环素、土霉索、氯霉素、金霉素、红霉素、制霉菌素等抗生素，某些产生抗生素的生物菌类也有作用，此外还可参照普通病毒病防治。

三、细菌病

病部无霉、粉、点、粒、丝、絮、核、索等物或蘑菇，烂后腥臭，传染。

病原：细菌有完整细胞结构，但细胞核呈胶状不完整。植物细菌病都是杆菌，主要有5个属：假单胞杆菌属、黄单胞杆菌属、欧氏杆菌属、野杆菌属和棒杆菌属。除棒杆菌属外都为格兰氏阴性。多数1到多根鞭毛，少数无鞭毛。

病名与症状：无霉状物、粉状物、点状物、粒状物、丝状物、絮状物、菌核、菌索和蘑菇，但有下列症状。

①斑枯型：表现为小斑点疱疹，斑点穿孔或膜质，斑点连片形成褐斑，潮湿流出腥臭的黏液，干后形成胶膜或胶粒，严重时疮痂。例如各种植物的细菌性叶斑病、核果类细菌性穿孔病、梨锈水病、桑细菌性疫病、瓜类细菌性角斑病、瓜类细菌圆斑病、瓜类细菌性缘枯病、瓜类细菌性叶枯病、瓜类细菌性果斑病、茄子细菌性褐斑病、番茄细菌性斑疹病、番茄细菌性疮痂病、椒类细菌性疮痂病、椒类细菌性黑斑病、马铃薯疮痂病、大白菜细菌性角斑病、甘蓝细菌性黑斑病、水稻细菌性褐条病、水稻细菌性褐斑病、水稻白叶枯病、豆类细菌性疫病、豆类细菌性晕疫病、豌豆细菌性枯病、棉花角斑病等。②萎焉型：细菌在根和茎内，

堵塞维管束或产生毒素毒死细胞，病部维管束褐变，用手挤压流脓，腥臭，植株迅速萎蔫枯死。例如茄子、番茄、椒类、马铃薯、花生、芝麻等植物的青枯病，瓜类和玉米的细菌性萎蔫病，番茄细菌性髓死病等。③腐烂型：茎、叶、果、块根、块茎发生溃疡腐烂，流脓，腥臭。例如洋梨火疫病、核桃黑斑病、猕猴桃和杨树细菌性溃疡病、柑橘溃疡病、香蕉细菌性腐烂病、各种菜类的细菌性软腐病、茄细菌性溃疡病、番茄细菌性果腐病、马铃薯黑胫病、马铃薯环腐病、马铃薯软腐病、姜瘟病、白菜类黑腐病、玉米和向日葵细菌性茎腐病、水稻细菌性基腐病、烟草野火病等。④癌肿型：细菌分泌物刺激寄主细胞增生，组织膨大而形成根瘤，有时生于枝干，常见于果树和花木。

病因：重茬连作，土黏，湿度大，忽冷忽热，伤口，昆虫传播，偏施氮，磷过量导致缺钙、缺铜发生细菌病。另外，碱性土壤易发生癌肿病。

防治：①增施有机肥改良土壤；②磷肥不过量，配施3号中微肥；③每亩沟埋或全园翻施5号氰氨化钙80千克左右、浇水盖地膜，一个月后施底肥并播种移苗；④粪肥发酵；⑤高垄栽植；⑥不用重茬苗；⑦排湿，保温；⑧减少伤口，消灭害虫；⑨喷药防治，重在连阴雨后：碘制剂、铜制剂（桃等薄叶植物不能使用铜制剂）、噻枯唑、链霉素、土霉素、四霉素（梧宁霉素）、中生菌素等细菌抗生素类、二氧化氯、二氯异氰尿酸钠、三氯异氰尿酸钠。上述药复配成32号和34号制剂；⑩蘸药灌药防治：栽前上述药物蘸根，栽后上述药物灌根。防治根癌病还可使用K84菌剂蘸根或灌根，另外3号中微肥能高效防治根癌。

四、真菌病

病部有霉、粉、点、粒、丝、絮、核、索等物或蘑菇，烂后霉臭，传染。

1. 根肿病类

病原：根肿病原菌有两个属，即根肿菌属和粉痂菌属，都属于鞭毛菌亚门、根肿菌纲、根肿菌目。

病名与症状：①芸薹根肿菌主要危害大白菜、甘蓝、油菜、青菜、芥菜、萝卜、芜菁等十字花科蔬菜，形成根肿瘤，植株生长迟缓，缺水蔫萎。②马铃薯粉痂病危害马铃薯，形成根肿和粉痂。

病因：酸性土壤，潮湿，偏施氮，磷过量导致缺钙、缺铜易发病。

防治：①磷肥不过量，配施3号中微肥；②每亩沟埋或全园翻施氰氨化钙80千克左右、浇水盖地膜，一个月后施底肥并播种移苗；③撒施石灰，改良酸性土壤；④高垄栽植，田间排水；⑤灌药：氟啶胺、氰霜唑、四霉素（梧宁霉素）。

2. 烂根病类

病原：烂根病原菌有4个亚门，即鞭毛菌亚门、半知菌亚门、子囊菌亚门、担子菌亚门。

病名与症状：根系和茎基变褐腐烂，甚至向上传至叶和果，植株衰弱黄叶，直至枯死。根际产生絮状霉层、蛛网状菌丝、菜籽鼠屎状菌核、线绳状菌索、各种形状的蘑菇等。有下列烂根病：①鞭毛菌亚门病害有植物苗期的猝倒病、山楂根腐病、茄科植物的绵腐病、番茄疫霉根腐病、萝卜根腐病、韭菜疫病、百合基腐病、烟草黑胫病；②半知菌亚门病害有植物苗期的立枯病、多种植物的根腐病、多种植物的枯萎病、多种植物的黄萎病、多种植物的白绢病、林果圆斑根腐病、番茄褐色根腐病、番茄黑点根腐病；③子囊菌亚门病害有多种植物的菌核病、林果白纹羽病、小麦全蚀病；④担子菌亚门病害有林果根朽病、林果紫纹羽病、猕猴桃根腐病、莴苣茎腐病。

病因：重茬连作，槐、桑、杨、薯类、甜菜茬口或间作，土黏板结，地温低，湿度大，光照弱，伤口，偏施氮，磷过量导致缺钙、缺铜。

防治：①氮磷不过量，配施3号中微肥；②每亩沟埋或全园翻施氰氨化钙80千克左右、浇水盖地膜，一个月后施底肥并播种移苗；③撒施石灰，改良酸性土壤；④定植前粪用17号菌发酵，或施用1号多肽生物有机肥；⑤高垄栽植，田间排水；⑥选用抗性品种和砧木；⑦种苗消毒；⑧起垄栽植；⑨提高地温；⑩灌药：用氟啶胺、恶霉灵、福美双、普力克、敌克松、甲基立枯磷、五氯硝基苯、井冈霉素、四霉素（梧宁霉素）、上述药复配成31号制剂。也可在播种移苗时穴内灌木霉菌，再在行间冲施EM菌或施用1号多肽生物有机肥，但不能与31号制剂同时使用。

3. 枝干病斑类

病原：枝干病原菌主要属于子囊菌亚门，核桃枝枯病属于半知菌亚门。

病名与症状：枝干出现病斑、湿腐、干腐、疣突、凹斑、变褐枯死、癌肿纵裂。病斑产生小黑粒点，即分生孢子器。有下列枝干病：果树林木溃烂的腐烂病、果树林木干斑的干腐病、果树林木疣突的轮纹病、果树林木黑粒点病斑的炭疽病、核桃变褐枯死的枝枯病、葡萄癌肿纵裂的蔓割病等。

病因：超产，树弱，伤口，冻害，干旱，涝洼，瘠薄，偏施氮等。

防治：①合理定产；②防伤防冻；③小病枝剪掉，大病斑刮后涂药，再包以泥土封严；④无病大枝于6—9月刮去老皮稍露白，然后喷药：施纳宁、咪鲜胺、多菌灵、甲基托布津、四霉素（梧宁霉素）、农抗120、以及32号和37号制剂等。

4. 枝干流胶类

病原：流胶病原菌为黄皮拟茎点霉菌，属于半知菌亚门。

病名与症状：发生于桃、李、杏、樱桃等核果类，表现如下：①伤口或皮层肿胀后流胶，木质变褐坏死，为生理流胶。②皮孔突起，第二年开裂流胶，出现黑斑并散生小黑点，木质变褐坏死，严重黄化死树，为病菌侵染流胶。

病因：气候不适，砧木不好，深栽不旺，黏土涝洼，氮磷过量、中微肥缺乏，土壤板结，重茬烂根，根系老化，超产树弱，夏剪过重，伤口虫叮，感染病菌。

防治：①适地适栽；②选择砧木；③垄上栽植；④多施有机肥并发酵；⑤平衡施肥；⑥断根更新；⑦合理定产；⑧夏季轻剪；⑨防冻防虫；⑩树干涂药：石灰、石硫合剂、多菌灵、甲基托布津、咪酰胺、碘制剂，以及复配药 32 号和 37 号等。

5. 粉锈病类

病原：白粉病原菌属于子囊菌亚门，黑粉病（黑穗病）原菌属于担子菌亚门、锈病原菌属于担子菌亚门。

病名与症状：①各种植物的白粉病，表现为茎、叶、花、果布满白粉，后在白粉上生黑粒点；②小麦、玉米、高粱、水稻等禾本科的黑粉病（黑穗病），穗部变成一团黑褐色粉末和黑色丝状物；③各种植物的锈病，叶正面出现黄褐斑，叶背面生黄锈斑点，扩大隆起，散出黄褐粉，后在病处生黑疮，或生毛绒。

病因：①干旱温暖突遇雨露低温，引发白粉病、黑粉病（黑穗病）和锈病；②苹果、梨园周围有桧柏，栗园周围有松柏引发锈病。

防治：①果园周围铲除松柏，或向松柏喷药；②喷药：硫制剂和三唑类特效，如三唑酮、戊唑醇、烯唑醇、恶醚唑、丙环唑、硅菌唑、氟硅唑、醚菌酯，上述药复配成 35 号制剂，也可使用 32 号和 37 号。

6. 霜霉疫腐病类

病原：霜霉疫腐病原菌多数属于鞭毛菌亚门卵菌纲，少数属于接合菌亚门。

病名与症状：①霜霉病发生于葡萄、荔枝、瓜类、葱、蒜、韭菜等各种叶菜类等，表现为新梢、叶片、幼果上由油渍斑点扩为黄褐小斑，叶背面产生白色湿霜；②疫腐病发生于更多植物，表现为腐烂后产生白霉或短白毛；或褐变，外观无病斑，果呈蜡状红褐色，皮肉分离，肉褐变，内有白色菌丝。例如苹果、梨、桃等疫腐病；柑橘褐腐疫病；菠萝心腐病；牡丹疫病；草莓红心病；瓜类、茄果类、豇豆、草莓等绵疫病；番茄、马铃薯、芋头等晚疫病；番茄牛眼果腐病；番茄白霉果腐病（接合菌亚门）；瓜类、茄果类、豆类等花腐病（接合菌亚门）；豌豆芽枯病（接合菌亚门）；③白锈病发生于白菜、萝卜、芥菜等十字花科植物，在叶背面隆起白色疱斑（即孢子堆），疱斑破裂散出白色粉末。

病因：霜霉疫腐类发病条件是低温、高湿、弱光和伤口。

防治：①起垄栽植，排水降湿；②大棚保温；③增强光照；④喷药：硫制剂、铜制剂、碘制剂、氟啶胺、嘧菌酯、霜脲氰、氰霜唑、烯酰吗啉、代森锰锌、福美双、普力克、乙磷铝、二氧化氯、二氯异氰尿酸钠、三氯异氰尿酸钠、四霉素（梧宁霉素），上述药复配成32号和36号制剂。

7. 其他病类

除了上述真菌病害，都归此类，一样的防治措施。

病原：其他病原菌主要是子囊菌亚门和半知菌亚门。

病名与症状：发生斑枯或腐烂，病部产生霉状物、粉状物、点状物、粒状物、丝状物、絮状物、菌核、菌索等，烂后散发霉臭味（细菌病为腥臭味）。此类病害极多，下列病害经常发生：各种植物的褐斑病；各种植物的叶斑病；各种植物的灰霉病；各种植物的炭疽病；各种植物的菌核病；林果类轮纹病；苹果叶片圆斑病；苹果叶片轮斑病；苹果叶片斑点病；苹果芽腐病；苹果和猕猴桃叶片灰斑病；苹果和猕猴桃花腐病；苹果、梨、柿等黑星病；梨和猕猴桃黑斑病；苹果、桃、李、杏、樱桃等褐腐病；桃缩叶病；桃疮痂病；桃、李、杏、樱桃等霉斑穿孔病；桃、李、杏、樱桃等褐斑穿孔病；杏疔病；李红点病；李袋果病；柿角斑病；柿圆斑病；柿叶枯病；葡萄白腐病；葡萄黑腐病；葡萄黑痘病；葡萄房枯病；猕猴桃蒂腐病；猕猴桃熟腐病；柑橘和葡萄真菌性疮痂病；柑橘绿霉病。瓜类蔓枯病；瓜类黑星病；黄瓜斑点病；茄子黑枯病；茄子褐纹病；茄子圆星病；茄果类早疫病（又名轮纹病）；茄果类黑斑病；茄果类、甘蓝、菜花等叶霉病；茄果类、豇豆、芹菜、山药等斑枯病；茄和椒类匍柄霉病；茄果类和花生真菌性疮痂病；番茄圆纹病；番茄青霉果腐病；番茄红毛果腐病；番茄熟果果腐病；番茄和豆类煤霉病（又叫煤污病）；椒类白星病；豇豆轮纹病；菜豆红斑病；豌豆、苜蓿、苕子等褐纹病；白菜、甘蓝等十字花科植物黑腐病；甘蓝等黑胫病；白菜、油菜、甘蓝、菜花、萝卜、莴苣等黑斑病；白菜、小白菜、油菜等白斑病；白菜、小白菜、萝卜、芥菜、青菜等黄叶病；芹菜、芫荽叶斑病；茼蒿、草莓、大蒜叶枯病；葱黑斑病；葱紫斑病；落葵蛇眼病；芋头斑病；芦笋茎枯病等。禾本科植物赤霉病；小麦颖枯病；小麦斑枯病；小麦条纹病；玉米大斑病；玉米褐斑病（鞭毛菌亚门）；稻瘟病；稻曲病；水稻恶苗病；花生黑斑病；甘薯黑斑病；棉花白斑病；棉花轮纹斑病；棉铃黑果病；烟草赤星病。

病因：其他病类发病条件是高温、高湿、弱光和伤口。下列因素发病严重：果实成熟后期（单宁消失），连阴雨（雷雨产生臭氧能杀菌发病轻），重茬连作，土黏板结，偏施氮，磷过量导致缺钙、缺铜。

防治：①氮磷不过量，配施3号中微肥；②每亩沟埋或全园翻施5号氰氨化钙80千克左右、浇水、盖地膜，一个月后施底肥并播种移苗；③撒施石灰，改良酸性土壤；④定植前粪用 EM 菌发酵，或施用 1 号多肽生物有机肥；⑤高垄栽植，田间排水；⑥选用抗性品种和砧木；⑦起垄栽植；⑧喷药（小雨前，大雨后）：梧宁霉素、宁南霉素、多抗霉素、代森锰锌、福美双、多菌灵、甲基托布津、咪鲜胺、速克灵、乙霉威、嘧霉胺、氟啶胺、嘧菌酯、碘制剂、二氧化氯、二氯异氰尿酸钠、三氯异氰尿酸钠、波尔多液（桃等薄叶植物不用）等，上述药复配成 32 号和 37 号制剂，其中的叶斑类病害也可喷 35 号制剂。

附：线虫病和寄生植物病

（1）线虫病。线虫实际是虫，教科书是按表现归为病，但其本质是虫，病状像病。防治方法详见植物虫害防治。

（2）寄生植物病。寄生植物实际是草。分枝列当为害多种植物，吸根像短发一样吸于植物根部；菟丝子为害豆类、茄子、椒类、茴香等，缠绕并将吸器伸入植物体内。都是随植物种子和施有机肥而传播。防治方法：①有机肥腐熟；②施用除草剂；③将受害植物拔除。

植物虫害防治

一、分类用药防治

摇晃植株，成虫飞舞较多时打药，并加入渗透展着剂。

1. 蛾、蝶、蜂、蝇、甲类

①蛾类有桃小食心虫、梨小食心虫、苹小食心虫、白小食心虫、玉米螟、桃蛀螟、梨大食心虫、李小食心虫、核桃举肢蛾、柿举肢蛾、柿蒂虫、苹小卷叶蛾、褐卷叶蛾、大卷叶蛾、顶梢卷叶蛾、白卷叶蛾、黄斑卷叶蛾、梢叶蛾、黑星麦蛾、梨瘤蛾、雕翅蛾、枣黏虫、天幕毛虫、秋千毛虫（舞毒蛾）、舟形毛虫、金毛虫、古毒蛾、榆毒蛾、枯叶蛾、苹果巢蛾、星毛虫、桃斑蛾、枯叶夜蛾、落叶夜蛾、鸟壶嘴夜娥、羽壶夜蛾、毛翅夜蛾、旋叶夜蛾、红腹灯蛾、红缘灯蛾、桃天蛾、黄刺蛾、青刺蛾、褐刺蛾、黑点刺蛾、棕边青刺蛾、枣尺蠖、大蓑蛾、金翅蓑蛾、小菜蛾、小卷叶蛾、黑纹金斑蛾、斜纹夜蛾、银纹夜蛾、葫芦金翅夜蛾、扁豆夜蛾、甘蓝夜蛾、甜菜夜蛾、烟夜蛾（烟青虫）、芋头斜纹夜蛾、马铃薯块茎蛾、芋头单线天蛾、芋头双线天蛾、葱须鳞蛾、甘薯麦蛾、甘薯天蛾、盗毒蛾、大豆毒蛾、豆天蛾、紫苏瘿蛾、紫苏野蛾、菜螟、大螟、瓜绢螟、茄黄斑螟、夏威夷甜菜螟、茭白二化螟、芹菜螟蛾、当归螟蛾、豆野螟、豆荚斑螟、豇豆荚螟、玉米螟、紫玉米螟、粘虫、大豆食心虫、棉铃虫、棉大造桥虫、鼎点金刚钻等。②蝶类有山楂粉蝶、菜粉蝶（菜青虫）、波纹小灰蝶、扁豆小灰蝶、木

荚豆灰蝶、茴香金凤蝶等。③蜂类有李实蜂、梨茎蜂。④蝇类有果蝇、种蝇、瓜害蝇等。⑤甲类有黑绒金龟子、白星金电子、苹毛金电子、小青花金龟子、铜绿金龟子、四斑金龟子、山药豆金龟子、蔬菜象甲、黄曲条跳甲、小猿叶甲、叩头甲、十四星叶甲、马铃薯甲、草莓花象甲、当归象甲、山药蓝翅负泥虫、二十八星瓢虫、黄守瓜、黑守瓜、蟋蟀、蠼螋等。

防治药剂：印楝素、苦参碱、甲维盐、氟铃脲、氯氰菊酯、丁硫克百威以及复配药。

2. 蚜、虱、蚧、蝽、叶蝉、蓟马类

①蚜类有苹果蚜、苹果瘤蚜、苹果棉蚜、根棉蚜、梨蚜、梨黄粉蚜、梨圆尾蚜、葡萄根瘤蚜、桃蚜、桃粉蚜、桃瘤蚜、栗大蚜、栗花翅蚜、瓜蚜、茄无网蚜、牛蒡红花指管蚜、豆蚜、棉蚜等。②虱类有梨木虱、白粉虱、灰飞虱、茭白长绿飞虱等。③蚧壳虫类有梨圆蚧、康氏粉蚧、杏球坚蚧、东方盔蚧、朝鲜球坚蚧、桑白蚧、龟蜡蚧、柿绵蚧、草履蚧等。④蝽蟓类有盲蝽、绿蝽、梨蝽、梨花网蝽、臭木蝽、茶翅蝽、斑须蝽、麻皮蝽、二星蝽、筛豆龟蝽、弯刺黑蝽、红脊长蝽、红背安缘蝽、稻大蛛缘蝽等。⑤叶蝉类。⑥蓟马。

防治药剂：印楝素、苦参碱、吡虫啉、啶虫脒、异丙威、甲维盐以及复配药。

3. 潜叶虫类

①潜叶蛾类有金纹细蛾、银纹细蛾、旋纹潜叶蛾、桃潜叶蛾、梨潜皮蛾。②潜叶蝇类有美洲斑潜蝇、葱斑潜蝇、豌豆潜叶蝇、豆秆黑潜蝇、番茄潜叶蝇、菠菜潜叶蝇。

防治药剂：阿维菌素、氟铃脲、丁硫克百威以及复配药。

4. 蛀木虫类

包括苹小吉丁虫、六星吉丁虫、金缘吉丁虫、桑天牛、星天牛、梨眼天牛、桃红颈天牛、光肩星天牛、顶斑筒天牛、黑角筒天牛、帽斑天牛、苹果透翅蛾、葡萄透翅蛾、木囊蛾、芳香木蠹蛾、大褐木蠹蛾、豹纹木蠹蛾、蝙蝠蛾等。

防治药剂：印楝素、苦参碱、甲维盐、氟铃脲、氯氰菊酯、丁硫克百威以及复配药。

5. 螨类

包括山楂红蜘蛛、苹果红蜘蛛、苜蓿红蜘蛛、二斑叶螨、葡萄红蜘蛛、茶黄螨、截形叶螨、刺皮瘿螨等。

防治药剂：印楝素、苦参碱、阿维菌素、三唑锡、哒螨灵、螺螨酯以及复配药。

6. 螺类

包括蜗牛、蛞蝓、水螺、钉螺、福寿螺等。

防治药剂：四聚乙醛、贝螺杀（氯硝柳胺）、氰氨化钙、三苯醋酸。

7. 地下害虫类

包括蛴螬、蝼蛄、金针虫、地老虎、韭蛆（迟眼蕈蚊）等。

防治药剂：阿维菌素原粉、丁硫克百威。

8. 线虫类

根结线虫表现为根上结瘤，真滑刃线虫表现为根变褐腐烂，都是剖根见线虫。线虫发生的原因是未腐熟的有机肥含有线虫，因连作重茬而积累。

防治线虫措施：①嫁接；②施入氰氨化钙、浇水盖地膜，一个月后施底肥并播种移苗；③定植前粪用 EM 菌发酵；④苗期开始，每月灌一次杀线虫剂。

配方是：阿维菌素原粉（或中药杀线虫剂）+淡紫拟青霉。

二、农业生产防治

1. 清园翻地

清理杂草、落叶和落果，深翻浇水，消灭虫源。

2. 腐熟粪肥

粪肥腐熟过程中产生高温并缺氧，杀灭害虫及卵。

3. 果树刮老皮

刮去树干老翘皮，铲除越冬虫源。

4. 果树剪虫枝

剪去虫枝，铲除虫源。

5. 灯诱杀

每 10 亩地安装一个灯泡，灯下放盆，盆中加人糖、酒、醋和渗透剂，能有效诱杀 1 200多种有翅害虫的成虫，减少打药。

6. 性诱杀

性诱芯诱杀成虫。

7. 糖醋诱杀

按红糖 1 份，酒 1 份，醋 4 份，水 16 份，渗透剂适量，做成糖醋液，装入瓶中诱杀梨小、金龟子等多种害虫。

8. 食物诱杀

青菜叶切碎+炒熟的麦麸+白糖+无味农药如万灵，撒于地面，诱杀蝼蛄，蛴螬、地老虎、金针虫、地甲、金龟子等。或红糖 6 份+醋 3 份+水 3 份+少量万灵，置于地面，诱杀多种害虫。

9. 草把诱杀

绑草把诱集成虫。

10. 黄板诱杀

用10号机油加少量黄油，涂于橙黄色板或塑料膜上，挂于空中，诱杀蚜虫、潜叶虫、蓟马等。

11. 毒土杀

辛硫磷或丁硫克百威或毒死蜱掺干细土，撒于地面，毒杀蝼蛄、蛴螬、地老虎、金针虫、网目拟地甲、黄守瓜幼虫。

12. 闷杀

萌芽前地面撒辛硫磷等，覆盖地膜，杀灭桃小食心虫、棉蚜、地下越冬害虫。

13. 涂杀

刮去树干老翘皮，包以卫生纸多层，外包塑膜，向卫生纸注射内吸性杀虫剂，一周后解除，杀灭蚜虫和蚧壳虫等。

14. 注杀

天牛虫孔注射杀虫剂，用泥土堵住虫孔，杀灭天牛幼虫。

15. 堵杀

高毒农药和泥，填满虫洞，杀灭天牛和木蠹蛾等。

16. 捕杀

早上日出前捉捕天牛和金龟子等害虫。

17. 遮挡

大棚设置遮虫网。

18. 套袋

晚熟大果品种，套袋防虫。

19. 驱避

银灰色膜驱避蚜虱。

20. 放养天敌

利用天敌捕食害虫。

第四章

产中技术创新——果树技术

第一节　古代果树技术

贾思勰在《齐民要术》的序中说到："今采捃经传，爰及歌谣，询之老成，验之行事，起自耕农，终於醯、醢，资生之业，靡不毕书，号曰《齐民要术》。凡九十二篇，束为十卷。卷首皆有目录，於文虽烦，寻览差易。其有五谷、果、蓏非中国所殖者，存其名目而已；种莳之法，盖无闻焉。舍本逐末，贤哲所非，日富岁贫，饥寒之渐，故商贾之事，阙而不录。花草之流，可以悦目，徒有春花，而无秋实，匹诸浮伪，盖不足存"。

《齐民要术》包罗万象，堪称古人谋生巨著，除了不劳而获的倒买倒卖和徒为观赏的花草之外，全书囊括了农业生产和农村生活。仅果树而言，也是无所不包，不论北方果树还是南方果树，都有记述。而北方的各种果树，有其共性，也有其个性。贾思勰在《齐民要术》中，先总结各种果树的共性，再展示各种果树的个性，非常合理，当今生产仍在延用。

例如，栽植时间："凡栽树，正月为上时，谚曰：'正月可栽大树。'言得时则易生也。二月为中时，三月为下时。然枣——鸡口，槐——兔目，桑——虾蟆眼，榆——负瘤散，自余杂木——鼠耳、虻翅，各其时。此等名目，皆是叶生形容之所象似，以此时栽种者，叶皆即生。早栽者，叶晚出。虽然，大率宁早为佳，不可晚也"。

例如，栽前准备："大树髡之，不髡，风摇则死。小则不髡"。

例如，栽植方法："先为深坑，内树讫，以水沃之，著土令如薄泥，东西南北摇之良久，摇则泥入根间，无不活者；不摇根虚多死。其小树，则不烦尔。然後下土坚筑。近上三寸不筑，取其柔润也。时时溉灌，常令润泽。每浇水尽，即以燥土覆之，覆则保泽，不然则乾涸。埋之欲深，勿令挠动”。

例如，栽后保护：“凡栽树讫，皆不用手捉，及六畜觝突。《战国策》曰：夫柳，纵横颠倒树之皆生。使千人树之，一人摇之，则无生柳矣”。

例如，修剪和压条繁殖：引用崔寔曰：“正月尽二月，可劙树枝。二月尽三月，可掩树枝。埋树枝土中，令生，二岁已上，可移种矣”。“腊月中，以杖微打歧间，正月晦日复打之，亦足子也”。

例如，扦插直栽：“栽石榴法：三月初，取枝大如手大指者，斩令长一尺半，八九枝共为一窠，烧下头二寸。不烧则漏汁矣。掘圆坑深一尺七寸，口径尺。竖枝於坑畔，环圆布枝，公匀调也。置枯骨、礓石於枝间，骨、石，此是树性所宜。下土筑之。一重土，一重骨、石，平坎止。其土令没枝头一寸许也。水浇常令润泽。既生，又以骨、石布其根下，同科圆滋茂可爱。若孤根独立者，唖亦不佳焉。十月中，以蒲藁裹而缠之。不裹则冻死也。二月初乃解放。若不能得多枝者，取一长条，烧头，圆屈如牛拘百横埋之变得。然不及上法根强早成。其拘中亦安骨、石”。

例如，梨树嫁接：“用棠、杜。棠，梨大而细理；杜次之；桑梨大恶；枣、石榴上插得者，为上梨，虽治十，收得一二也。杜如臂以上，皆任插。当先种杜，经年後插之。主客俱下亦得；然俱下者，杜死则不生也。杜树大者，插五枝；小者，或三或二。梨叶微动为上时，将欲开莩为下时。先作麻纫汝珍反，缠十许匝；以锯截杜，令去地五六寸。不缠，恐插时皮披。留杜高者，梨枝繁茂遇大风则披。其高留杜者，梨树早成，然宜高作蒿箪盛杜，以土筑之令没，风时，以笼盛梨，则免披耳。斜攕竹为签，刺皮木之际，令深一寸许。折取其美梨枝阳中者，阴中枝则实少。长五六寸，亦斜扦之，令过心，大小长短与签等；以刀微劓梨枝斜攕之际，剥去黑皮。勿令伤青皮，青皮伤即死。拔去竹签，即插梨，令至劓处，木边向木，皮还近皮。插讫，以绵幕杜头，封熟泥於上，以土培覆，令梨枝仅得出头，以土壅四畔。当梨上沃水，水尽以土覆之，勿令坚涸。百不失一。梨枝甚脆。培土时宜慎之，勿使掌拨，掌拨则折。其十字破杜者，十不收一。所以然者，木裂皮开，虚燥故也。梨既生，杜旁有叶出，辄去之。不去势分，梨长必迟。凡插梨，园中者，用旁枝；庭前者，中心。旁枝，树下易收；中心，上耸不妨。用根蒂小枝，树形可喜，五年方结子；鸠脚老枝，三年即结子，而树丑”。

例如，嫁接枝条采集：“凡远道取梨枝者，下根即烧三四寸，亦可行数百里犹生”。

例如，梨果贮存：“初霜後即收。霜多即不得经夏也。於屋下掘作深廕坑，底无令润湿。收梨置中，不须覆盖，便得经夏。摘时必令好接，勿令损伤”。

例如，种子破眠与保存：“熟时合肉全埋粪地中。直置凡地则不生，生亦不茂。桃性早实，觝觝三岁便结子，故不求栽也。至春既生，移栽实地。若仍处粪地中，则实小而味苦矣。栽法，以锹合土掘移之。桃性易种难栽，若离本土，率多死矣，故须然矣。又法：桃熟时，於墙南阳中暖处，深宽为坑。选取好桃数十枚，擘取核，即内牛粪中，头向上，取好烂粪和土厚覆之，令厚尺馀。至春桃始动时，徐徐拨去粪土，皆应生芽，合取核种之，万不失一”。“栗初熟出壳，即於屋里埋著湿土中。埋必须深，勿令冻彻。若路远者，以韦囊盛之。停二日以上，及见风日者，则不复生矣。至春二月，悉芽生，出而种之”。“藏生栗法：著器中；晒细沙可燥，以盆覆之。至后年二月，皆生芽而不虫者也”。

例如，李树开张角度：“正月一日，或十五日，以砖石著李树歧中，令实繁”。

例如，环剥与坐果：“正月一日日出时，反斧斑驳椎之，名曰嫁枣。不椎则花而无实；斫则子萎而落也。候大蚕入簇，以杖击其枝间，振去狂花。不打，花繁，不实不成”。“林檎树以正月、二月中，翻斧斑椎椎之，则饶子”。

例如，树势调控：“李树桃树下，并欲锄去草秽，而不用耕垦，耕则肥而无实”。

例如，预防霜冻：“凡五果，花盛时遭霜，则无子。常预於园中，往往贮恶草生粪。天雨新晴，北风寒切，是夜必霜，此时放火作煴，少昨烟气，则免於霜矣”。

例如，葡萄防寒：“十月中，去根一步许，掘作坑，收卷蒲萄悉埋之。近枝茎薄安黍穰弥佳。无穰，直安土亦得。不宜湿，湿则冰冻。二月中还出，舒而上架。性不耐寒，不埋即死。其岁久根茎粗大者，宜远根作坑，勿令茎折。其坑外处，亦掘土并穰培覆之”。

第二节　果树技术创新

《齐民要术》中的果树技术简单实用，却不知道技术原理。现今，随着果树技术原理的发现，也同时使果树技术变得极其复杂。其实，技术不是越复杂越好，而是越简单越好。什么样的技术不好？

第一，投产慢的技术，5~9年才丰收，连年投入，足以把农户拖垮变穷。

第二，产量低的技术，明摆着难赚钱。

第三，质量差的技术，树形表现为三不见光：上边见光而下边不见光、南边见光而北边不见光、外边见光而里边不见光，不见光的部位光秃、果少、色淡、品质差。三不见光问题，唯有一边倒技术能够解决。

第四，难管理的技术，不能机械化耕作，靠人力生产，沉重劳动，费工费钱。

100 多年来，不论其他技术怎么改进，也绝对不能同时解决果树生产四大难题：即投产慢、产量低、质量差、难管理。如果稀植少留枝叶，则优质并易管，但晚产且低产。如果密植多留枝叶，则早产并高产，但质劣且难管。

为了同时解决上述四大难题，笔者蔡英明发明创造了三项新技术：干性果树“一边倒”技术（见发明专利 ZL201310449777.1）、蔓性果树“一边倒”技术（也叫“小龙干”技术，见申请专利 201110113715.4）和满透平技术（见申请专利 201110113688.0）。这三项技术因其速产高产、速效高效、省工省钱、至简至易、一看就懂、一学就会、一用就灵，而得以迅速推广，现已成为换代技术。

一、干性果树“一边倒”技术

1. 概述

（1）何谓果树“一边倒”技术。果树“一边倒”技术是以树形为基础的高产优质栽培综合新技术，它要求树形单主枝，无主干，无侧枝。主枝上直接着生结果枝组。全园所有主枝倾向一边，主枝顺直而斜生，树体呈鱼刺状扇形，整齐划一，至简至易。

（2）哪些果树可以采用“一边倒”技术。不论是露地果树，还是大棚果树，只要是干性果树，都可以采用“一边倒”技术，包括桃、李、杏、樱桃、苹果、梨、柿、枣、山楂、石榴、栗、核桃、桑葚等。

（3）为什么大樱桃、核桃和枣更适于“一边倒”技术。大樱桃和核桃叶大而稠，采用其他技术极易导致树冠郁闭，内膛光秃，结果部位外移，产量降低。而“一边倒”技术永远不会导致光秃，结果部位永不外移，易获高产。

大樱桃果实很小，其他技术树体高大，爬到树上采收极其不便。而“一边倒”技术树体矮小，但树下空间很大，人在树下直立行走，向上伸手即可触及树顶，不必爬树，大幅度提高劳动效率。

枣树浑身是刺，爬树修剪和采收极其不便，尤其鲜食枣，不能用杆打落，只能人工采收，所以“一边倒”技术更适于枣树生产。

（4）为什么大棚水果更适于“一边倒”技术。大棚水果栽植密度更大，光照更加恶化，内膛极易光秃，产量降低，果实色泽品质极差，而且不便于生产管理。其他技术解决这一难题采取了杀鸡取蛋的办法：一是连年使用高浓度多效唑类控制，但其不良后果是导致果树迅速老化，寿命缩短；二是采果后极重修剪从新发枝，但其不良后果是因果实膨大成熟已经大量消耗营养而导致树势削弱，采后极重修剪无异于雪上加霜，更加削弱树势，根系因缺乏营养饥饿而死，大面积出现黄叶死根现象，更加缩短了树体寿命。而“一边倒”技术不必采取连年高浓度多效唑控制和采果后极重修剪的措施，也绝不会导致株间大交叉和行间大交叉，永保全树见光（包括背后枝），永不光秃，进而保证产量高、质量好、易管理，所以“一边倒”技术更适于大棚水果生产。

（5）“一边倒”技术要求株行距是多少。露地栽植株行距为1.25米×2.5米左右。株距大于1.25米时通常占不满空间，不能充分利用土地；株距小于1.25米时枝组交叉光照恶化。行距2.5米左右为宜，是因为主枝与地面夹角45°~55°时，当长到3.5米左右会自动缓和了长势，使营养生长和生殖生长自动趋于平衡，这时的主枝投影处恰在行距2.5米处。而且行距达到2.5米就可以机械化生产。

大棚栽植株行距为0.9米×1.8米左右。因为大棚水果是促成栽培，要求以最快的速度结果才能获利，所以要以最快的速度占满空间，然后以生长调节剂控长促花结果。

（6）“一边倒”树形向哪倒。南北行向西倒，是因为下午的光照比上午的光照强，傍晚温度较高，加大了昼夜温差，有利于高产优质。

东西行向南倒，是因为中午的强光入射角大，不至于直射灼伤下垂的果实，而且日出到日落树下见光时间长。

山地丘陵等特殊地形，可以根据地形需要做相应调整，但不可以向北倒，否则树下不见光。

（7）“一边倒”树形与地面的夹角是多少。“一边倒”树形与地面的夹角以45°~60°为宜，低产树种如核桃、板栗等45°~50°，中产树种如桃、李等50°~55°，高产树种如梨、柿等55°~60°。如果角度太大，那么顶端优势太强，会造成上强下弱，前强后弱，主枝基部易光秃而影响产量，而且树体太高不便于管理。如果角度太小，一是主枝背上易发生直立旺枝，修剪量大而影响产量；二是主枝背后光照不良，影响果品质量；三是树下空间太小，不便于生产管理；四是树体支撑力弱，容易歪倒。

（8）“一边倒”技术有何优点。

①投产快：其他技术果树枝叶占满地，要过1~2年才丰收。开心形占满地4年左右，纺锤形占满地6年左右，分层形占满地7年左右，所以其他老技术投产慢。而“一边倒”技术不需要形成树干，不需要形成多层主枝，不需要形成侧枝，全树只有一个主枝，2~3年保证占满地，3~4年必然大丰收。大棚桃更快，栽植当年占满地，第2年即可大丰收。

②产量高：其他树形内部不见光，大枝光秃结果少，而光秃枝继续加粗消耗营养，所以产量低。而“一边倒”树形无内膛，永不光秃，全树结果，所以产量高。

其他树形主枝背后不见光，而背后的枝叶继续生长消耗营养，所以产量低。

而“一边倒”树形主枝背后的枝叶也见光，所以产量高。

其他树形虽然高达3米以上，然而树下不足1米，必须在行间留作业道，浪费阳光和土地，所以产量低。而“一边倒”树形虽然矮小，然而树下空间反而很大，作业道在树下，不浪费阳光和土地，所以产量高。

其他树形多为放射状着生主枝（二主枝开心形除外），树冠外围浪费阳光和土地，树冠内部枝叶密挤光照恶化，所以产量低。而“一边倒”树形为全园平行排列主枝，充分利用阳光和土地，所以产量高。

其他树形为了防止内部光照恶化，必须开张主枝角度，主枝与地面夹角小，主枝短，有效结果部位少，所以产量低。而“一边倒”树形主枝与地面夹角大，主枝长，有效结果部位多，所以产量高。

其他树形主枝与地面夹角小，主枝背上发生很多旺枝，修剪量大，消耗营养，所以产量低。而“一边倒”树形主枝开张角度小，与地面夹角大，顶端优势强，主枝伸展速度快，当主枝伸展到3.5米左右，至垂直投影下一行时，便自动缓和了长势，营养生长和生殖生长自动趋于平衡，主枝上很少发生旺枝，修剪量少，所以产量高。

③质量好：其他树形上部果实小，主枝背后果色差，主枝背上果形歪。果树有一种结果习性：下垂的果实又大又正。但其他树形的下垂果，几乎不见光，果实色泽差、品质差。而“一边倒”树形主枝背后也见光，果实大、正、甜、美。

④易管理：其他树形高大，须爬到树上管理，而树下不足1米，人不能从树下直立行走，更不能使用机械化生产，管理费工。而“一边倒”树形矮小，不必爬到树上管理，而树下空间反而很大，人在树下直立行走，实现机械化生产，授粉、疏果、套袋、采收、施肥、浇水、打药、修剪等极其方便，农民栽果树就像种粮食一样简单，告别沉重的劳动历史。

⑤投入少：“一边倒”技术提前3~5年进入盛产期，节省了连年投入费用。“一边倒”技术可以机械化生产，管理省工，节省工酬50%。“一边倒”技术喷药量减少50%左右。

⑥跟市场：不论多么优秀的果树良种，总有发展过剩的时候，过剩时可以嫁接换种。其他树形嫁接换种极其麻烦，3年左右才有可能恢复产量，而且常常导致树体残缺不全。而“一边倒”技术只在主枝基部嫁接一个枝芽，前边不影响结果，后边长成新主枝，新主枝长成后拉倒，将原主枝锯掉，跟定市场，获取高价。

⑦抗大风：有人认为树大根深抗风力强，其实不然，树体越高大，果实受风害越重。“一边倒”树形矮小，全园植株倒向一边，群体抗风力强。而且树下空间大，沿行呈一通道，有利于空气流通，缓冲了风力。所以“一边倒”树形抗

风力最强。

⑧寿命长：有人猜测“一边倒”树形寿命短，这是毫无根据的。果树寿命与树种品种有关，不同树种品种寿命不同；与产量高低有关，超负荷留果能缩短寿命；与土肥水管理有关，肥水不足土质差能缩短寿命；与病虫害防治有关，病虫害严重能缩短寿命；与土壤中长满了根有关，新根发生的少能缩短寿命。

其实，“一边倒”树形寿命更长，这是因为：果树需要断根发新根，发了新根才寿命长。果树最有效的毛细根在行中间最多，其他树形的毛细根距离树干远，埋的深，断根不易，发新根少，因而寿命短。“一边倒”树形的毛细根距离树干近，埋的浅，断根容易，发新根多，因而寿命长。

⑨观光美：“一边倒”树形全园植株倾向一边，平行排列，整齐划一，错落有致，美不胜收，令人赏心悦目，流连忘返。

（9）“一边倒”技术高产优质的根本原理是什么。

①充分利用阳光和土地→光合作用制造的营养多；②骨干枝少而且不光秃→生长消耗浪费的营养少；③全树不挡光→呼吸消耗浪费的营养少。

（10）“一边倒”树形需要撑枝吗。不论哪种树形，只要挂果满树获高产，必须撑枝，“一边倒”树形也不例外，产量很高时也需要撑枝。“一边倒”树形与地面夹角大，自身支撑力较大，比其他树形撑枝少，随主枝加粗，5 年后基本不用撑枝。

（11）“一边倒”技术需要间伐吗。“一边倒”技术永远不需要间伐。有人问“一边倒”树形交叉怎么办？那么其他树形交叉怎么办呢？一句话——修剪。“一边倒”树形只有一个主枝，主枝头超过下一行就回剪，行间不交叉，所以行间不间伐。“一边倒”树形株间无大枝，小枝连年修剪不大交叉，所以株间不间伐。

（12）为什么说其他技术能把果农拖垮，而“一边倒”技术能让果农真正致富。其他技术结果太慢，果农连年投入，迟迟不见收获，而一旦收获时，再好的品种也可能过剩不值钱了。所以栽果树能让农民致富，栽果树也能让农民致穷，致穷是因为其他技术把农民拖垮了。而“一边倒”技术 2~3 年即可以投产，3~4 年即可以丰收，投入回报快，抢占市场快，能让果农真正致富。果农连年投入不见果，结了果后不值钱的历史将宣告结束。

（13）“一边倒”树形真的没有缺点吗。不论哪种树形，主枝梢头不能留果，否则梢头弯曲下垂。“一边倒”树形也一样，但很容易解决。

（14）“一边倒”树形如何整形。

①培养树干和侧枝：每株选一个旺枝作为树干，任其发生侧枝。如果侧枝不足，可于下一年发芽前，在树干上需要发枝的部位选一个芽，于芽上方横划一

刀，即可促发侧枝。树干上的侧枝，不严重挡光不用剪，也不掐尖，而是长到30厘米及时捋平，再用麻批或塑批把这些枝上下相连，并把捋平的枝都连到行向上来，使树体看上去就像竖着的鱼刺状扇面。这种整枝方式的优点是：第一，捋平的枝长势变慢，有利于提早成花结果；第二，树干长势更旺，1~2年即可以提早成形；第三，将来拉枝成形后，背上背后均无枝，第一年冬季几乎不用修剪，不但树体大，而且树势缓和，提早进入盛产期。②拉成“一边倒”树形：露地树干高3米左右，大棚树干高2米左右，将树干与地面呈45°~60°拉成“一边倒”树形，低产树种如樱桃、核桃、板栗、枣等45°~50°，中产树种如苹果、山楂、桃、李、杏、石榴、桑葚等50°~55°，高产树种如梨、柿等55°~60°。南北行向西倾倒，东西行向南倾倒，特殊地形只要不向北倒即可。大棚果树靠墙一株不拉倒，靠棚边缘植株与地面呈30°左右。③“一边倒”拉枝要求：拉成“一边倒”树形后树干变成主枝。不要把主枝拉呈弯弓，主枝要保持斜生而顺直，这样做有三大优点：第一，主枝背后充分见光；第二，支撑力大；第三，前后生长均衡，背上直立旺枝少。

（15）“一边倒”树形如何修剪。

①主枝修剪：保持主枝与地面夹角不变，保持主枝顺直而斜生，保持主枝梢头不留果。当主枝头垂直投影超过下一行时，头弱则回剪到壮枝壮芽处，头壮则回剪到弱枝弱芽处。②背上直立枝修剪：主枝背上千万不能长成直立旺枝，方法是刚发芽时抹芽，新枝5厘米之前掐尖，新枝15厘米之后扭平，新枝30厘米之后捋平，新枝超过100厘米不能捋平即为别枝，别枝无空间就剪掉。③背后下垂枝修剪：正下垂的枝剪掉，两侧下垂的枝太长的回剪。④两侧枝修剪：两侧枝交叉挡光严重的回剪，两侧枝过密挡光严重的疏剪，不严重挡光不过密的一律不剪，尤其夏季更不能重剪。有花芽的结果枝一定要留足。

（16）大棚果树“一边倒”技术为何不必采后重剪。

大棚果树栽植密度大，光照极易恶化，其他技术通过采果后重剪来解决。这是极其错误的。

①大棚果树从开花坐果到成熟时间很短，果实发育集中消耗营养，尤其是果实迅速膨大期，消耗营养更多，迅速将根、枝、叶中的营养“抽空而虚脱”，如果采果后立即重剪，肯定剪去大量叶片，叶片光合作用制造的营养大幅度减少，而且重剪后树体还要担负着再发新枝的任务，树体营养会更加缺乏，这无异于“雪上加霜”，不久就会导致黄叶死根，用不了几年，就把树给剪死了。所以采果后一个月内不但不能重剪，而且还要用“养”药把它养壮，然后再剪。②如果采果后不立即重剪，那么6月初就形成了足够而饱满的花芽。如果采果后立即重剪，那么必然重新发枝，到7月下旬才能占满地，然后用药控制，到8月份才

能形成花芽，花芽分化时间短，花芽少而不饱满。

“一边倒”树形只要抹、掐、扭、捋背上枝，采后回剪下垂枝，就能解决光照，根本无需重剪。

（17）“一边倒”树形是怎样演化而来。

● 各种纺锤形（包括柱形，图1）：株行距（1.5~3）米×（3~5）米。生产上进入盛产期的树，真正的纺锤形极少，多数改形。

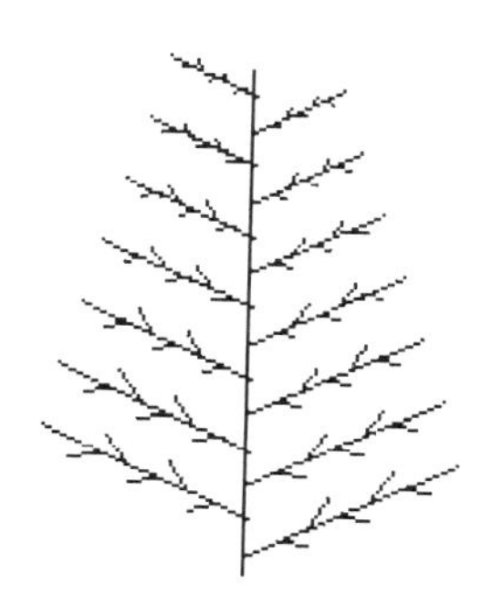

图1　纺锤形

①盛产期：6年左右占满地，8年左右丰收（桃、李、杏较早）。②产量：6个原因导致纺锤形产量低。第一，内部光照极易恶化，大枝光秃结果少，而光秃枝继续加粗消耗营养；第二，主枝背后不见光，而背后的枝叶继续生长消耗营养；第三，行间留作业道，浪费阳光和土地；第四，放射状着生主枝，外围浪费阳光和土地；第五，主枝开张角度越大，主枝越短，有效结果部位少；第六，主枝与地面夹角小，主枝背上发生很多旺枝，修剪量大，消耗营养。③质量：5个原因导致纺锤形残次果最多，质量最差。第一，树上部结小果；第二，枝背上结歪果；第三，枝背后结绿果；第四，内部结绿果；第五，树体细长，上部果实被风吹残。④管理：2个原因导致纺锤形最难管理，费用开支最多。第一，树体高大，须爬树；第二，树下很矮，须爬行，不能机械化耕作。

● 小冠分层形（图2）：株行距（3~4）米×（3~5）米。纺锤形只留上部和下部主枝即成小冠分层形。

①盛产期：7年左右占满地，9年左右丰收。②产量：内部光照比纺锤形好，但仍然有光秃现象。其余缺点与纺锤形一样。③质量：内部光照比纺锤形好，其余缺点与纺锤形一样。④管理：缺点与纺锤形一样。

● 开心形（图3）：株行距（3~4）米×（4~5）米。纺锤形或小冠分层形只留下部主枝即成开心形。

①盛产期：4~5年占满地，5~7年丰收。②产量：5个原因导致开心形产量低。第一，内部见光不再光秃，但因主枝放射状着生又会导致内部枝叶密集，不

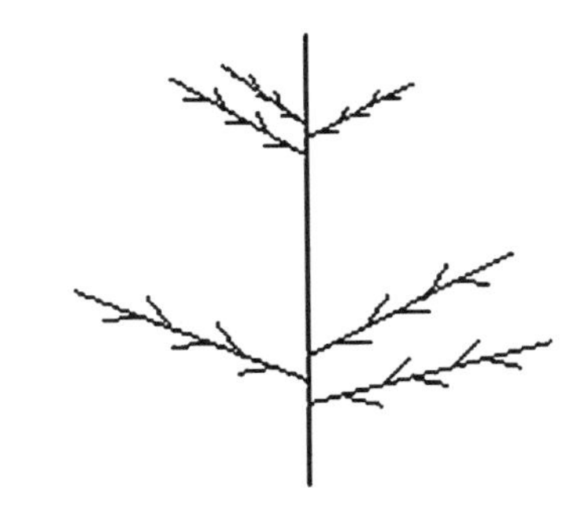

图 2　小冠分层形

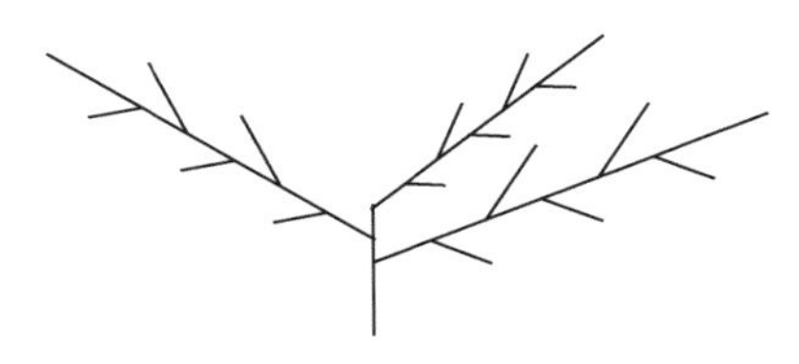

图 3　开心形

利于结果；第二，主枝背后不见光，而背后的枝叶继续生长消耗营养；第三，行间留作业道，浪费阳光和土地；第四，放射状着生主枝，外围浪费阳光和土地；第五，只有一层叶幕，如果主枝与地面夹角小，那么叶幕太薄，叶片数量少。③质量：因为树矮，所以小果和风残果较少，但是背上仍然结歪果，背后仍然结绿果。④管理：树矮不必再爬树，但树下需爬行，不能机械化耕作。

- 高干开心形（也叫高光形，图4）：株行距（1.5~3）米×（3~5）米。纺锤形或小冠分层形只留上部主枝并落头开心即成此形。

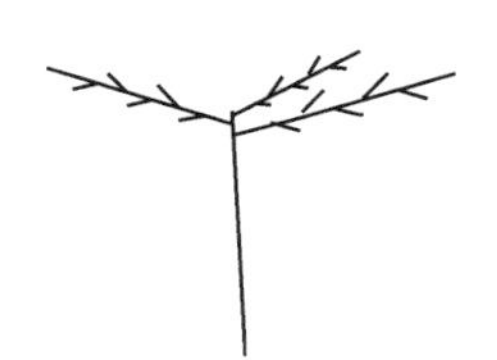

图 4　高干开心形

①盛产期：因为是由其他树形改造而来，所以进入盛产期通常在10年之后。如果从苗木定植开始，以理论论证，能提前。②产量：因为主枝开张角度比开心形大，主枝很短，叶面积指数很小，所以产量比开心形更低，在所有树形中最低产。③质量：因为只有一层叶幕，而且树下空间大，通风透光较好，所以果实质量好。④管理：树下空间大，可以机械化耕作，管理较省工，但仍需爬树或使用

高脚架。

● 二主枝开心形（也叫丫形，见图5）：株行距1.3米左右×（3~5）米。开心形只留两个主枝即成。

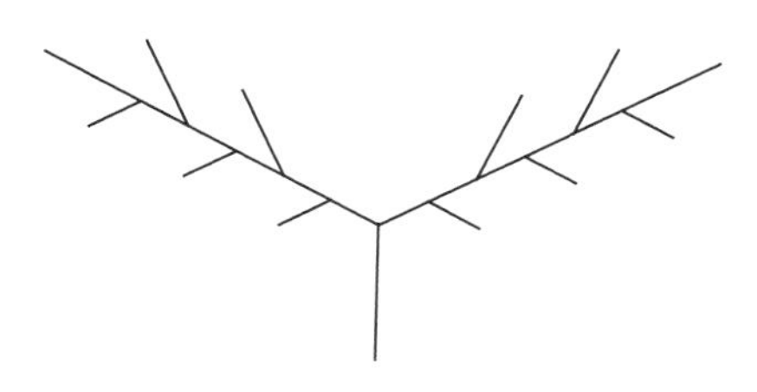

图5　二主枝开心形

①盛产期：桃、杏、李等通常3年左右占满地，4年左右丰收。樱桃、苹果、梨、柿、枣、山楂、石榴、栗、核桃等通常4年左右占满地，6年左右丰收。②产量：4个原因易获高产。第一，无上下主枝挡光现象，永不光秃；第二，主枝平行排列，不浪费阳光和土地；第三，主枝与地面夹角较大，树下空间较大，作业道在树下，不浪费阳光和土地；第四，主枝与地面夹角较大，背上直立旺枝较少，修剪量较少。但是主枝背后的枝叶仍然不能见光，所以不能获得最高产量。③质量：因为树矮，所以小果和风残果较少，但是背上仍然结歪果，背后仍然结绿果。④管理：树矮不必再爬树，树下空间大，便于生产管理，但树干周围很不便于管理。

● "一边倒"树形（见图6）：露地株行距1.25米左右×2.5米左右，大棚株行距0.9米左右×1.8米左右。二主枝开心形去掉一个主枝，再去掉主干即成。

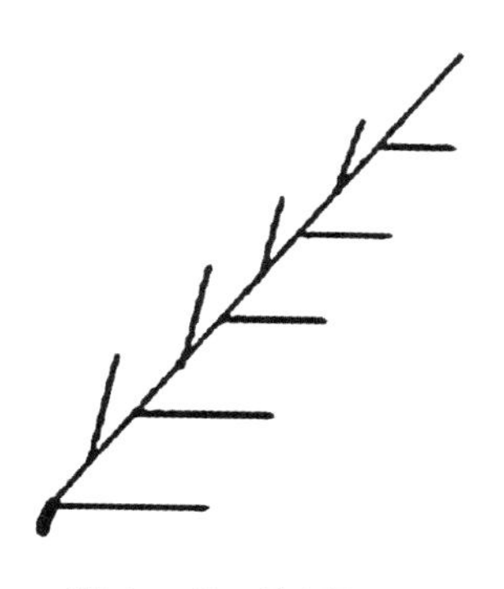

图6　"一边倒"形

①盛产期：桃、李、杏等第2年占满地，第3年丰收（棚内栽植1年占满地，第2年丰收）。樱桃、苹果、梨、柿、枣、山楂、石榴、栗、核桃等第2年占满地，第四年丰收。②产量：6个原因形成高产。第1，树冠有前后、左右和

上下，但无内外，绝无上下主枝挡光现象，永不光秃；第 2，背后枝叶能充分见光；第 3，树下空间极大，作业道在树下，不浪费阳光和土地；第 4，主枝平行排列，不浪费阳光和土地；第 5，主枝与地面夹角很大，所以主枝伸展更长；第 6，主枝与地面夹角很大，背上直立旺枝很少，修剪量少，消耗营养少。③质量：3 个原因使质量最好。第 1，树矮，小果和风残果少；第 2，下垂结果，大而端正；第 3，主枝背后的枝、叶、果都能充分见光，果实色泽美、糖度高、品质优。④管理：3 个原因使管理最方便省工。第 1，树矮不必爬树；第 2，树下空间极大，可以直立行走和机械化生产；第 3，树冠小，而且树根和树头都靠近作业道，无枝叶障碍。

• 不合理“一边倒”树形（见图 7）：

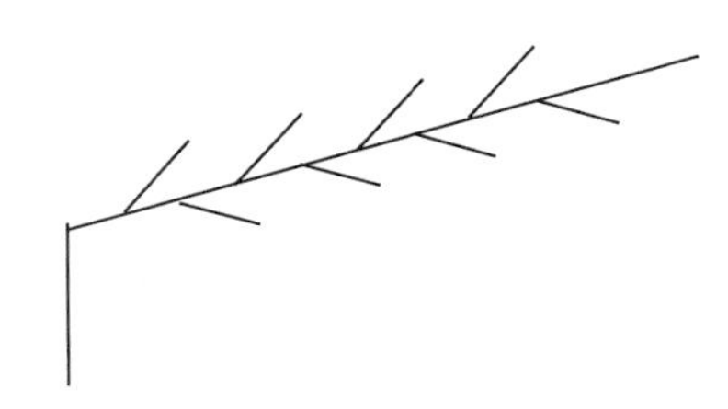

图 7　不合理“一边倒”形

第一，主枝与地面夹角太小，致使主枝短，所以产量低。

第二，主枝与地面夹角太小，致使主枝背后的枝叶不见光，所以产量低。

第三，主枝与地面夹角小，致使背上直立旺枝多，尤其拐弯处直立枝更多，所以产量低。

第四，主枝与地面夹角小，致使主枝背后的果实不见光，所以着色差、糖度低、品质劣。

第五，主枝与地面夹角小，致使树下空间太小，所以不便于管理。

第六，主枝与地面夹角小，而且主枝拐弯，导致主枝负载力降低，所以容易压弯。

2. 栽植管理技术

（1）准备苗木

①购苗：秋后至春节前购苗为宜。春节后购苗，极易发生品种混杂现象，而且缺乏优良品种。露地株行距 1. 25 米×2. 5 米左右，亩栽 213 株左右。大棚株行距 0. 9 米×1. 8 米左右，亩栽 411 株左右。②运苗：零度以上装车，苗木淋湿后封严。苗到家零度以上卸车并入室，盖严保温保墒，严禁置于零度以下的环境。③贮苗：苗木购回后如果不立即栽植，那么有两种贮存方法。第一埋土法：选零

度以上的天气，将苗木成捆平埋坑中，坑深60~80厘米，覆土30厘米比地面稍高，上覆草堆，不灌水，只泼水，7℃以下保存。此法易发热，春季土壤解冻后立即栽植。第二假植法：背风处开沟，深60厘米，长宽不限，方向不限。将捆拆开，挨株斜栽于沟中，填沙土或细土，超过苗木阴阳线20~30厘米，大水灌透并填充空隙，然后盖草，以免风吹日晒而失水。

（2）栽植时间。秋栽最好，不缓苗，长势壮，时间在树叶变黄至封冻前。秋栽需要防寒防抽干，冬季特别严寒地区如东北、内蒙古等地不能安全越冬，不能秋栽。

春栽缓苗，长势弱，时间在1月中旬至4月中旬，土壤解冻后至发芽前，越晚长势越弱。大棚果树最适于春栽，这是因为大棚秋冬季节生产蔬菜，而果苗需要低温休眠，升温不能正常生长。

另外，大棚果树也可以先栽树后建棚。

（3）整地起垄。露地行距2.5米左右，大棚行距1.8米左右。露地南北行或东西行皆可，山地可沿等高线定行。冬暖棚南北成行，由西向东排列。拱棚的行向与棚向垂直，即南北棚东西成行，东西棚南北成行。沿行起垄，垄高20厘米左右。起垄前有三种整地方式。

第一，方式适于大棚：大棚“一边倒”技术栽植密度更大，栽植当年枝叶和根系都必须占满地，新建大棚在栽植之前，全面撒施发酵粪肥（5~10）立方米/亩，然后全面深翻40厘米左右。旧棚已种菜多年，有机质含量较高，土质较松，可以不施粪肥，也可以不深翻。

第二，方式大棚和露地皆可：“一边倒”技术株间密度大，将来开沟施肥只能在行间而不能在株间，所以株间一次性完成深翻。沿行撒施发酵粪肥（2~5）立方米/亩，用深耕犁全园深耕50~60厘米。

第三，方式适于露地：沿行开沟，深50~60厘米，宽1米，下半部填入500千克左右杂草和熟土相混，上半部填入有机肥（2~5）立方米/亩，并与熟土相混，直至填满。熟土不够，可以从行间挖取，并将心土撒于行间，然后大水沉实。

（4）苗木处理。栽前把砧木芽全刻去，只留嫁接芽，并把绑膜解去。栽前用21号+31号蘸根，有利于促根防烂。

（5）配授粉树。自花授粉的树种，如：桃、涩柿、枣、山楂、石榴、栗、核桃等大多数品种可以单一品种栽植。异花授粉的树种和无花粉的品种，如：苹果、梨、杏、李、樱桃、甜柿、核桃、某些桃等，至少2个品种，隔行相间栽植或隔株相间栽植，而且不同品种必须花期相遇。

（6）垄上栽植。先将苗木栽到垄的一边，南北行嫁接口向东，东西行嫁接口向北。露地株距 1.25 米左右，大棚株距 0.8 米左右。填土时上下颤动如捣蒜状，使根际充满细土。继续上提，使苗木阴阳线超出地平面 5～10 厘米。栽后当天大水一次浇透，水渗后继续埋土，成苗埋土超过嫁接口 10 厘米，芽苗埋土超过嫁接口 1 厘米（发芽前扒土露出嫁接芽并喷杀虫剂）。此时苗木即栽于垄上，千万不能深栽，阴阳线不能低于地平面。以后随果树生长继续培垄，至少高出地平面 30 厘米。为什么栽于垄上？有 4 个原因。

①果树根系斜向下伸展，如果栽于低洼处，那么最有效的毛细根在行间太深，深土层土壤不肥沃，透气性差，早春地温提升缓慢，尤其大棚果树，冬春季节整个大地极其冷凉，不利于发生新根，地上发芽、开花、结果需要养分而根系供应不够，地上地下不协调，导致坐果率低、产量低、果实小、品质差、树势衰弱、黄叶死根、寿命缩短。②吸收肥水最有效的毛细根主要集中在行间，肥料施在行间才能发挥最大作用，而且行间断根发新根，发了新根寿命长。如果栽于低洼处，行间成垄，不便于开沟施肥，那么最需要肥的区域却施不上肥，最需要断的根却得不到断根。③栽于低洼处，垄在行间，不便于生产管理，更不便于机械化生产。④栽于低洼处，容易发生涝灾，尤其多雨地区。

另外，冬暖棚的作业道在北边，每行靠北墙多栽一棵，树形呈鱼刺状扇面不拉倒，贴墙生长结果；拱棚每行的中间少栽一棵，棚中央即成作业道。

（7）苗木定干。芽苗于嫁接口上方 1 厘米处剪平。成苗根系小的定干 50 厘米左右，根系大的高定干 100 厘米左右。

为什么根系大的成苗高定干？第一，低定干剪掉的枝梢，需要至少 2 个月才能生长到原高度；第二，低定干后剪口下发生多个竞争枝，影响主梢生长，而且不利于整枝。成苗高定干下部不发侧枝怎么办？下一年发芽前，在树干上需要发枝的部位选一个芽，于芽上方横划一刀，即可促发侧枝。也可喷布 22 号药促发侧枝。

（8）保墒保活。

①保证成活最关键的措施是保墒，垄上先盖 5 厘米厚的湿草，草上覆盖地膜，以保持湿度，提高地温。树干周围撒土，以免热气从膜孔中出来烫伤树干。②剪掉所有枝杈，只留一个主干，以减少水分蒸发。③苗用报纸包裹以减少水分蒸发，发芽时上端解开。也可用地膜将苗木缠一层，以减少水分蒸发，千万不能包多层，否则昼夜冻融交替而死苗。④发芽后及时抹去砧木芽，否则芽苗嫁接芽不发。⑤如果大棚栽植，栽后一个月内温度不宜超过 28℃，否则苗木尚未发生新根而先发芽，蒸发失水导致萎蔫死亡。⑥行间间作物不影响苗木受光，最好安排肥水需求量大的矮杆间作物。如果大棚栽植，5 月上旬必须拔菜。

（9）加快生长。

①栽后每月浇水 3 次左右，保持地表潮湿，直至 9 月。其间下一场大雨，可

以少浇一次水，但下小雨不能代替浇水。②5—8月，每次浇水前，取2号16~8~16复合肥10千克/亩左右，预先化开，随水冲施。③每15天左右向叶底面喷布一次24号叶肥。

3. 土肥水管理技术

（1）中晚熟品种施肥。

第1次3月追肥：土壤解冻后，亩施2号复合肥65千克左右，尿素2千克左右，冲施21号壮根剂和EM菌，以促发新根并防治土传病害。方法是预先将肥化开，随水冲施。此期营养在根中，不能断根伤根。也不能集中施入，否则前期浓度大伤根，后期挥发、流失、固定。作用是：满足萌芽、抽枝、展叶、开花、坐果的需要。

第2次6月追肥：亩施2号复合肥65千克左右，硫酸钾20千克左右。方法是预先将肥化开，随水冲施。此期根系大量吸收肥水，不能断根伤根。也不能集中施入，否则前期浓度大伤根，后期挥发、流失、固定。作用是：满足种子发育、花芽分化和果实膨大的需要。

第3次9月底肥：亩施EM菌发酵粪5立方米以上，掺入1号多肽生物有机肥250千克左右，3号中微肥50千克左右，地面撒4号钙肥50千克左右。此后氮磷钾需求减少，氮多则挥发，磷多则固定，钾多则流失。方法是每年隔行交替进行，在行间开沟，深宽各40~60厘米，切断行间根系，施入肥料，与土掺匀。作用是：此期昼夜温差加大，营养开始回流，断根发生新根，营养在新根中贮存，伤根叫做建立新“仓库”，复壮树势，延缓衰老，并疏松土壤。推迟则营养贮存在老根中，伤根叫做破坏“仓库”。

（2）早熟品种（包括大棚果树）施肥。

第1次土壤解冻后追肥：亩施2号复合肥100千克以上，冲施21号壮根剂和EM菌，以促发新根并防治土传病害。上一年枝不旺加少量尿素，上一年果实质量不好加适量硫酸钾。方法是预先将肥化开，随水冲施。此期营养在根中，不能断根伤根。也不能集中施入，集中施入前期浓度大伤根，后期挥发、流失、固定。作用是：满足萌芽、抽枝、展叶、开花、坐果、种子发育、花芽分化和果实膨大的需要。各种器官及产量的形成，都集中在两个月左右完成，需要大量肥料。从萌芽到果实上色却不能施肥，因为施肥就浇大水，浇大水地凉影响根的吸收，导致落花落果。从果实上色到成熟也不能施肥，因为此期太短，施肥几乎无效。因此，土壤解冻后追肥要一次大量施入。

第2次采果后底肥：亩施优质发酵粪5立方米以上，掺入1号多肽生物有机肥250千克左右，3号中微肥50千克，地面撒4号钙肥50千克。此后氮磷钾需求减少，氮多则挥发，磷多则固定，钾多则流失。方法是每年隔行交替进行，在行间开沟，深宽各40~60厘米，切断行间根系，施入肥料，与土掺匀。作用是：此期果实已经采收，花芽已经形成，枝条已经控制，不再消耗营养，逼迫营养向根回流，断根发生新根，营养在新根中贮存，伤根叫做建立新“仓库”，复壮树势，延缓衰老，并疏松土壤。推迟则营养贮存在老根中，伤根叫做破坏“仓库”。早熟品种发育两个月左右即成熟，果实膨大消耗的营养主要是上一年贮备的，所以应及早伤根发新根建立新“仓库”。

（3）浇水。

盖草达到标准的果园不浇水或每年只浇一次封冻水。不盖草的果园每年浇水5次以上，施3次肥紧跟浇3次水，浇水的作用与施肥相同。另外还有如下几次水：①器官的形成主要在前期，抽枝、展叶和幼果发育是需水关键期，因此5月上旬一定不能干旱。但容易落果的品种或大棚果树，抽枝、展叶和幼果发育期不能浇大水，而是浇小水，隔一行浇一行，一周后再浇另一行；②采前15~20天大水浇透，能明显提高产量10%~30%；③封冻水一定要浇透。

（4）生草或盖草。

①生草：树下喷精喹禾灵消灭窄叶草，人工拔除大阔叶草，保留马齿苋，任其生长。有如下优点：矮小不影响果树；根浅不与果树争肥；吸水极少，遮盖地面，保湿降温防草；烂后变成肥料；减少耕作节省开支；就地取材。②盖草：一年四季均可覆草。草烂过程中消耗大量氮素，草烂又将氮素释放出来，因此，盖草前后应追施氮肥，或大雨时向草上撒尿素。盖草要逐年加补，保持15~20厘米的厚度。草上不压土，也不要把草翻入土中，但注意防火。盖草有如下作用。

第一，增加有机质含量，不必再施有机肥，而且草中按比例含有果树必须的16种元素，腐烂后即可释放出来。据研究，1千克草烂后可增产4千克苹果。

第二，减少水分蒸发，相当于降雨量400~500毫米，而且保持土壤含水量在常年内基本稳定。如潍坊地区几乎无需浇水也可满足果树生长发育的需要。

第三，防止杂草丛生，而且蚯蚓数量猛增而使土壤变得疏松通透，黏土不黏，沙土不沙，从而不必再进行果园耕翻。

第四，土壤的年内冬夏温差和日内昼夜温差都大大缩小，同时土壤一直保持湿润状态，有利于微生物活动分解土壤和草中的矿质元素，有利于大量毛细根上浮，从表层肥沃的土壤中吸收养分，因此树壮、高产、稳产、优质。

第五，施化肥极其简单，将化肥于预报的大雨前撒于草上，或冬季撒于雪上即可。枯枝落叶也不必清扫，为防止病虫害寄生繁殖，树上喷药时可附带向草上喷洒。

总之，地下除了撒施肥料之外，几乎不用再管理，大幅度节省了用工开支。如果再采用“一边倒”技术，树上管理也大幅度节省用工开支，那么，农民面朝黄土背朝天的沉重劳动历史将真的一去不复返了！

4. 花果管理技术

（1）促成花芽。

①长枝形成花芽的树种：包括桃、部分李、部分杏、早熟苹果、部分梨、山楂、枣、柿、栗、核桃等。枝叶接近满园，覆盖率已达80%左右，间隔10天向叶底面连喷2次23号调控剂，即可形成足够的花芽。抽枝展叶后越早越好，最晚7月上旬和7月中旬喷2次。枝叶满园后，只要发现旺长，立即向旺枝叶底面喷23号调控剂。②短枝形成花芽的树种：包括樱桃、部分李、部分杏、晚熟苹果、部分梨、石榴等。枝叶接近满园，覆盖率已达80%左右，于8月中旬、8月下旬和9月上旬，向叶底面连喷3次23号调控剂，第二年发芽后即形成短枝并形成花芽。枝叶满园后，只要发现旺长，立即向旺枝叶底面喷23号调控剂。

樱桃、晚熟苹果、部分梨、石榴等还可环剥促花芽，尤其晚熟苹果结果多的大年更要环剥，否则营养集中供应果实发育更难形成花芽，下一年成为小年。环剥方法如下：5月下旬环剥，预先浇水1次。主干环剥省工，但有死树危险。主枝环剥麻烦，但保险。主枝环剥时留下一枝较弱的不环剥以向根系回流营养。环剥的宽度为枝干直径的1/8~1/5，环剥口不能涂任何药物。剥后15~30天若不愈合便行包扎，以阿维菌素涮环剥口，先包一层纸，再包一层地膜。愈合后立即解除地膜，但不能解除包纸，以免蟋蟀啃咬愈伤组织。环剥后的树必须大肥大水。

（2）保花保果。保花保果是为了提高坐果率，有足够的幼果可以选留，而且高产优质。措施如下。

①平衡施肥，确保无小叶黄叶，树体健壮。②使用调控肥，萌芽前喷3%尿素+0.5%硫酸锌，以利抽枝、展叶、开花和坐果。萌芽后（避开花期）喷5~8次24号叶肥，以利壮树、开花、坐果、膨果、增甜、增色、防止落果，防止苦痘病、水心病、红点病、粗皮病、缩果、裂果和畸形果。红色品种采前20天不喷尿素，否则不红不甜。③合理修剪，确保树势缓和。④控制浇水，多数果树花期不宜浇水，否则发旺枝落花落果。唯枣树花前花期宜浇水，推迟开花，开花时高温高湿有利于坐果。⑤控制旺长，多数果树新生直立枝长到15厘米时及时扭平（枣侧生枣头枝和樱桃旺长枝长到5厘米时及时掐尖，连掐多次），还可于旺长初期喷23号调控剂。枣和柿可于花期环剥，宽度为主枝直径的1/8左右，若15天未愈合，那么剥口涂刷阿维菌素，内包一层纸，外包一层膜，愈合后及时解除。⑥及时授粉。自花结实的品种不用采花粉，用毛笔逐个点花心即可授粉，花多用鸡毛掸子划拉授粉。异花结实的品种，如果授粉品种搭配不合理，须采粉后人工授粉或对水喷布。蜜蜂授粉时蜂量要大，壁蜂授粉时每亩投放100只以上。⑦提早疏花疏果，开花坐果消耗大量营养，因营养不足而导致“满树花半树

果”。花量大时，把盛花后未开的花全部疏除，坐果后见小果就疏，只留大果，即使大果成串也没关系。硬核后一次定果。

（3）疏花疏果。按叶果比留果、按枝果比留果、按干径留果和按枝径留果，都无意义，因为不同的树种、品种、树龄和树势差异很大，根本无法操作。实际生产中可按下列方法疏花疏果。

第一步，确定留花芽量：花芽少的树保留花芽，花芽多的树疏除弱枝弱芽。

第二步，确定留花量：花少的树保留花，花多的树疏除过密的花和晚开的花。

第三步，确定留果量：采用“一边倒”技术，果园枝叶覆盖率85%以上，只要确保肥水供应，即可按下列数字定产：杏、樱桃2 500千克/亩左右，枣、山楂、石榴3 000千克/亩左右，桃、李3 500千克/亩左右，苹果4 000千克/亩左右，梨、柿6 000千克/亩左右。

将亩产除以亩栽株数即为株产，再除以单果重即为单株留果量。此法可作为确定株产的主要依据，大一点的树可适当多留果，小一点的树可适当少留果。

第四步，按距离留果：因小果永远长不大，先把小果或弱花序全部疏除。苹果、梨、李每花序只留一个最大的果，只有果实特别稀少的壮枝方可留双果。然后在轴式枝组或结果枝上，按平均距离留果，该品种的单果重的1/12~1/10便是留果的平均距离。例如300克的桃，即为25~30厘米留一个果，1米长的结果枝上可以留3~4个果，3~4个果相距不一定是25~30厘米，25~30厘米是平均数。

按此法疏果后留果量可能偏多，但随着果实的生长发育，大小果还会差异明显，而且还会自行脱落一部分，因此在生理落果后再将小果和过密的果疏除。

疏果时还应注意：较粗的枝条背上的果，果形多不端正，且易碰伤，不宜多留；主枝梢头不留果，否则压弯枝头；果柄要剪短，以免果柄扎伤果实；疏果的程序是先上后下，先里后外；疏果的时间自坐果后开始。

（4）果品套袋。8月中旬以后成熟的大果型树种和品种，为了减轻病虫为害，减少喷药量，生产无公害果品，提高果实光洁度和着色度，应采取套袋措施。

①套袋时期：套袋时期一般在5—6月，但影响套袋时期的因素很多。套袋过早，容易缺钙（吸钙高峰在谢花后15~35天）而引起苦痘病、水心病、果肉坏死等生理病，还因生理落果（在谢花后30天左右）未结束而浪费果袋，如果套纸袋还影响果实光合作用而导致果实太小。套袋过晚，容易被病害侵染而发病严重，容易产生果锈而影响色泽，容易被虫害叮啃而形成残次果。

②套袋类型：单层纸袋，能防虫，果实光洁度和着色度略有改善，成本低。

但防病和抗日灼性能差，易缺钙，果实小，产量低，品质差，采后贮存时间短，易皱缩。其中，花色袋比黄色袋效果好。

双层纸袋，防虫、防病、抗日灼，果实光洁度和着色度好。但易缺钙，果实小，产量低，品质差，采后贮存时间短，易皱缩，成本高。其中外灰内红袋比外灰内黑袋效果好。

多层纸袋，效果与优质双层纸袋相似。

膜袋，防病、防虫，不易缺钙，果实大，能增产，口感好，采后贮存时间长，不皱缩，成本低。但不抗日灼，果实光洁度和着色度较差。

“膜+纸”一体袋，防虫、防病、抗日灼，果实光洁度和着色度好。采后贮存时间较长，较不易皱缩，成本低，果实较大，产量较高，口感好，但也易缺钙。

“膜+纸”分套袋，即第一次套膜袋，越早越好；第二次套纸套，适当推迟至6月下旬至7月上旬。此法防虫、防病、防锈，果实光洁度和着色度好。前期幼果见光，不易缺钙，塑袋中的果不失水，果实大，产量高，品质好，采后贮存时间长，不易皱缩。虽然两次套袋麻烦，但第二次套纸袋时能看清膜袋中果实大小和形状，只套好果可节省成本，成本比膜袋贵，比纸袋便宜。

③套袋方法要求：第一，谢花后至套袋前喷2~3次杀虫剂杀菌剂，但不喷对果皮有刺激和污染作用的铜、硫、砷制剂，乳油制剂和有机磷制剂。第二，为减轻日灼病的发生，套袋前须浇大水一次。第三，套袋时先上后下，先内后外，袋口要扎严。第四，果实摘袋后，应及时摘除果实周围的遮光叶，避免果皮磨伤，并促进果实上色。摘叶量不宜过大，控制在30%以下。“一边倒”技术光照好，不必摘叶。第五，摘袋5~10天，果实着色在达到70%左右时转果，转果时避开强光照，以免发生日灼。第六，摘袋后树下铺反光膜，以利果实上色。

5. 大棚果树升温时间

（1）冬暖棚制冷促眠法。棚外夜温降到7℃时（山东寿光10月中下旬，以南地区推迟，以北地区提前），白天、晚上都将薄膜和厚草苫盖严（草苫不厚不起作用），棚内放置冰块或安装制冷装置。棚外夜温降到3℃时，不再放冰块或不再制冷，而是白天将薄膜和厚草苫盖严，夜间将薄膜和草苫敞开。如此全天保持7.2℃以下，行间随水冲施16~8~16复合肥、壮根剂和EM菌，桃、李于12月初，杏于12月上旬，樱桃于12月中旬，修剪后喷破眠剂，浇水保墒遮阴三天后升温（寒冷地区内挂1层地膜保温）。此法比露地早80天左右上市。

（2）冬暖棚人工促眠法。棚外夜温降到5℃时（山东寿光10月下旬，以南地区推迟，以北地区提前），白天将薄膜和厚草苫盖严（草苫不厚不起作用），夜间将薄膜和草苫敞开，全天保持7.2℃以下，行间施2号16~8~16复合肥并浇大水，桃、李于12月上中旬，杏于12月中下旬，樱桃于12月底，修剪后喷破眠剂，浇水保湿遮阴三天后升温（寒冷地区内挂1层地膜保温）。此法比露地早70天左右上市。桑葚喷赤霉素后即可升温，春节前后上市。

（3）冬暖棚正常法。落叶后修剪，行间随水冲施16~8~16复合肥、壮根剂和EM菌，桃、李12月中下旬，杏于12月底，樱桃于1月5日后（以山东寿光为准，以南地区推迟，以北地区提前），喷破眠剂并浇水保湿遮阴三天后升温（寒冷地区内挂1层地膜保温）。此法比露地早60天左右上市。

（4）拱棚加草苫法。落叶后修剪，行间随水冲施16~8~16复合肥、壮根剂和EM菌，桃、李、杏、樱桃于1月上旬，喷破眠剂并浇水保湿遮阴三天后升温（内挂1层地膜保温）。此法比露地早45天左右上市。

（5）拱棚无草苫法。落叶后修剪，行间随水冲施16~8~16复合肥、壮根剂和EM菌，桃、李、杏、樱桃于1月25日至2月10日升温（以山东寿光为准，以南地区提前，以北地区推迟）。外盖无滴膜或半无滴膜，内挂1层地膜，地面铺地膜并放置塑膜水筒，棚四周竖着围草苫。此法比露地早上市25天左右。如果夜间喷雾，还能提前。

注：冬暖棚水果越往北上市越早，东北三省和西北部地区更早，但因更加严寒，须加强保温措施。拱棚水果越往南上市越早，但再往南至亚热带地区反而不早，因为休眠推迟，不能早扣棚，甚至不能棚栽。升温太早，休眠量不足，会导致花未开而落蕾。

6. 大棚果树促根技术

冬季，整个大地地温低，棚内地温难以提高，不利于生根，根系吸收和合成的养分少，不足以供地上生长的需要，上下不协调，导致落花落果，果小低产。促使发根的措施如下。

（1）提高地温促根。高垄栽植；地膜覆盖，坐果后揭去；棚边开沟，填以泡沫塑料或杂草，上覆地膜，隔绝地温传导。

（2）使用药物促根。冲施21号壮根剂和EM菌。

7. 大棚果树温、湿、光调控技术

（1）白天气温调控。

①花前白天气温：从第4天开始分别是桃12~16℃、樱桃11~15℃、李10~14℃、杏9~13℃，此后每5天升2℃，升至24~28℃等待开花。桑葚一直保持24~28℃。提温太快，花器发育不全不利于坐果。②花期白天气温：不论何时进入花期，立即按花期温度调控，白天气温分别是桃18~22℃、樱桃17~21℃、李16~20℃、杏15~19℃，桑葚24~28℃。高温花期短不利于坐果，低温花期长成熟期推迟。③谢花后白天气温：每天升1℃，分别升至桃24~28℃、樱桃21~

25℃、李 23~27℃、杏 22~26℃，桑葚仍为 24~28℃。④硬核后至采收白天气温：桃、李、杏和桑葚 28~32℃、樱桃 24~28℃。⑤当气温太高，即使放风也不能顺利降温时，可用遮阳网，尤其拱棚。⑥升温前 3 天的温度极其重要，直接影响开花早晚、花期长短、坐果率、果实大小、果实品质以及树势强弱。具体温度调控向作者咨询。

（2）夜间气温调控。

①夜温的标准：夜温太高，不利于坐果、膨果和品质。夜温太低，则花器发育不良，无花粉、无子房、不坐果、开花晚、成熟晚。如果夜温低于 0℃，短时间也会造成伤害，只开花不坐果（只有个别品种如凯特杏等 0℃以下也能坐果）。

从关闭放风口或放下草苫后，棚内气温先是回升，然后逐渐下降，到早上日出前降至最低，傍晚和早上温差极大，所以应以早上日出前气温为标准，日出前气温高则夜温高，日出前气温低则夜温低。那么早上日出前的气温多少度为宜？请向作者咨询。②提高夜温的措施：提早关闭放风口，提早放草苫。拱棚要大而连片，风口设风障，四周围草苫，棚内张挂厚地膜即双层膜。点燃酒精，或安装电吹风，或安置小型锅炉使热水沸腾，最好安装热喷雾装置，但不可燃烧冒烟的燃料。地面铺塑膜水筒，白天晒热，夜间放热。③降低夜温的措施：推迟放草苫，或不放草苫，或敞开放风口。

（3）湿度调控。花期太湿不利于花粉粒传播，影响坐果率；花期太干不利于花粉粒在柱头上发芽，也影响坐果率。那么花期湿度怎样保证呢？棚内地面盖地膜，留有少量空隙，于花期每天上午 10 时向地膜上洒水。其余时期空气湿度应相对较大为宜。

（4）光照调控。花期宜弱光，光照太强不利于坐果，冬暖棚草苫拉放 1/3 或 1/2，拱棚覆盖遮阳网。

其余时间宜强光，光照越强，果越大，越红，越甜，而且成熟上市早，因此冬暖棚后墙挂反光膜以增强光照。5 月上旬即可揭除薄膜（以山东寿光为准，以南地区提前，以北地区推迟），以增强光照，但不能一次揭除。

二、蔓性果树“一边倒”技术

1. 概述

（1）其他技术背景。葡萄和猕猴桃主要有两种整枝方式，即扇形整枝和龙干形整枝。这两种整枝方式不论怎么改进，永远改不掉三大缺点：一是剪掉了最好的花芽；二是叶少浪费阳光；三是连续冒杈连续抹杈。三大缺点导致投产慢、产量低、质量差、难管理、结果部位上移、树势迅速衰退。

（2）何谓蔓性果树“一边倒”技术（又名“小龙干”技术）。该技术是以树形为基础的高产优质栽培综合新技术，适于葡萄和猕猴桃。亩栽 500 株左右，要求一株2个主蔓，超长修剪，全园所有主蔓倒向一边，2个主蔓前段共发10个结果枝（猕猴桃发20枝分为两层），2个主蔓基部共发2个预备枝，双架面，高架面。利用最好的花芽结果，保证足够的叶片，结果枝几乎不冒杈不抹杈。栽植一年后亩产极易超过5 000千克，远超其他技术2倍以上，大穗大粒，质优色美，省工省钱，结果部位永不上移。

该技术分为高架“小龙干”和矮架“小龙干”两种技术。高架小龙干更简单，为免于混淆，本书只介绍矮架“小龙干”。

（3）蔓性果树“一边倒”技术的核心内容。

①掐一掐：结果枝长到20个叶片左右掐尖，旺的结果枝8个叶片多掐一次。②挖一挖：结果枝上的芽全部挖掉，打24号叶肥。③扭一扭：两个预备枝上的杈，长到一拃扭下垂，打23号调控剂。④拉一拉：两个预备枝冬季修剪后变成新主蔓，向北拉倒，横绑在铁丝上。

（4）蔓性果树“一边倒”技术的优势。

①投产快：栽植一年后即可大丰收：蔓性果树“一边倒”技术栽植第一年，每株留两个主蔓，长到2米左右再向下生长至地面，两个主蔓上的杈扭下垂，向叶底面喷布促成花芽的4号叶肥。此法不但使主蔓1米以上形成十多个极大的花芽，来年利用这些极大的花芽形成大穗；而且第一年每株至少有300个叶片，营养储备充足。

而其他技术连续打头，一个大花芽也形成不了，冬季0.5米以下修剪，把最好的花芽剪掉了，来年利用这些很小的花芽形成小穗；而且第一年每株只有几十个叶片，营养储备严重不足。因此，其他技术栽植一年后产量极低，甚至绝产。

②产量高：亩产极易超5 000千克，而其他技术通常只有1 500千克左右。

蔓性果树“一边倒”技术高产的原理是：第一，南北成行，双篱架，两面受光。第二，利用主蔓上部极大的花芽结果，全是大穗。第三，每个结果枝上的叶片增加至20个左右，光合作用制造的营养多。第四，结果枝上的芽全挖掉，不再发枝消耗营养，营养储备充足，足以承担1千克重的大果穗。第五，结果部位永不上移，叶面积永不减少。第六，年年以新枝结果，树体永不老化。

而其他技术低产的原理是：第一，只要不是南北成行和双篱架，就一定不会太高产。第二，冬季通常5个芽以下修剪，把最好的花芽剪掉了，导致果穗少而小。第三，每个结果枝不足10个叶片，光合作用制造的营养少，育不成大穗。第四，连续发杈抹杈，大量消耗营养。第五，结果部位年年上移，叶面积年年减少。第六，老蔓年年加粗，树体迅速老化。

③质量好：果穗紧凑整齐，果粒大美甜硬。

蔓性果树“一边倒”技术优质的原理是：第一，与上述高产的原理相同。第二，结果枝呈V形吊蔓，果穗美观，而且防止日烧。

而其他技术质差的原理是：与上述低产的原理相同，因此而导致落花落果、穗形丑陋、大小不齐、色泽不美、含糖量低、皱缩萎焉、成熟推迟等。

④易管理：每人能管理10亩左右，而其他技术每人只能管理3亩左右。

蔓性果树“一边倒”技术易管的原理是：第一，主蔓斜向上绑，便于识别结果枝，容易定穗。第二，结果部位永远在第一道铁丝附近，永不上移，便于整理果穗。第三，结果枝与预备枝只吊不绑，省工。第四，结果枝与预备枝分开吊蔓，便于挖芽。第五，结果枝上的芽全挖掉，永不发枝，不再打头抹杈。第六，每年培养两个预备枝作为新主蔓，连年更新，永不加粗，便于埋土防寒和上架。第七，预备枝上的杈通常只扭一次即不再生长。第八，冬季修剪极易，三句话一分钟学会。

而其他技术难管的原理是：与小龙干技术恰恰相反，用工极多，每人只能管理3亩左右。

⑤投入少：每人能管理10亩左右，而其他技术每人只能管理3亩左右，每年每亩节省开支3 000~5 000元。相当于肥、水、药、地租等零投入。

⑥收入高：第一，露地生产。蔓性果树“一边倒”技术亩产5 000千克，按4元/千克计，每亩毛收入20 000元左右。如果是农户生产则大赚。如果是公司生产，减去肥水药袋3 000元、雇工（每人管理10亩）2 000元、租地1 000元，每亩获利仍然高达14 000元。

其他技术通常亩产1 500千克左右，按4元/千克计，每亩毛收入6 000元左右。如果是农户生产不雇工、不租地，减去肥水药的投入，虽然获利不多，但还不亏。如果是公司生产，减去肥水药袋3 000元、雇工（每人管理3亩）7 000元、租地1 000元，一定大亏。

第二，拱棚生产。蔓性果树“一边倒”技术亩产5 000千克，按10元/千克计，每亩毛收入50 000元左右。如果是农户生产则大赚。如果是公司生产，减去肥水药膜3000元、雇工（每人管理10亩）2 000元、租地1 000元、再减去棚体折旧，每亩获利高达40 000元以上。

其他技术通常亩产1 500千克，按10元/千克计，每亩毛收入15 000元左右。如果是农户生产不雇工、不租地，减去肥水药膜的投入，能获利。如果是公司生产，减去肥水药膜3 000元、雇工（每人管理3亩）7 000元、租地1 000元、再减去棚体折旧，获利不多。

第三，冬暖棚生产。蔓性果树“一边倒”技术亩产5 000千克，按20元/千克计，每亩毛收入100 000元左右。如果是农户生产则大赚。如果是公司生产，减去肥水药膜3 000元、雇工（每人管理10亩）2 000元、租地1 000元、再减去棚体折旧，每亩获利高达90 000元以上。

其他技术通常亩产1 500千克，按20元/千克计，每亩毛收入30 000元左右。如果是农户生产不雇工、不租地，减去肥水药膜的投入，能获利。如果是公司生产，减去肥水药膜3 000元、雇工（每人管理3亩）7 000元、租地1 000元、再减去棚体折旧，获利不足20 000元。

⑦社会效益显著：第一解决三农难题。中国农村已成空壳，唯有老人留守种地，土地流转大势所趋，种田大户成为生产的主导。然而，葡萄种植大户到哪里雇工？蔓性果树"一边倒"技术解决了这个难题，该技术至简至易，一看就懂，一学就会，真正把农民从沉重劳动中解放出来，一个60岁以上的老年人，也能管理几亩葡萄，轻松的劳动犹如体育锻炼，一年还有几万元的劳动收入，养老问题和雇工问题得以解决。

第二快速形成产业。采用蔓性果树"一边倒"技术，今年栽苗，明年高产，一年即获高效，极易形成产业，带动区域经济发展。

蔓性果树"一边倒"技术，在不久的将来，将全面取代其他技术而成为换代技术，对人类的贡献之大，一定是不可估量的。

（5）蔓性果树"一边倒"整枝技术。

①苗木栽植：露地和大棚都是南北成行，株距0.7米，行距1.8~2米，亩栽480~529株。每株发2个主蔓，一行变两行，一架变两架。

②培养2个主蔓（图8）：第一，栽植发芽后只留2个主蔓直立生长，长到1.7米后任其下垂到地面。第二，主蔓的每个节上发生1个副蔓，每个副蔓长到一拃扭下垂。第三，主蔓长到1.5米后喷布调控剂或主蔓下部环剥促使形成花芽。

此法培养主蔓的优点是：第一，主蔓的每个节上都有1个大叶，再加副蔓上的3~4个小叶，只要控制副蔓不再发芽生长，那么这些叶片制造的营养足以形成一个花芽，主蔓在1.7米以内即可形成足够的花芽，下一年即可大丰收；第二，全树叶片多，树大根大，营养积累多，翌年产量高；第三，管理省工。

③2个主蔓冬剪（图9）：落叶时冬剪，主蔓超长修剪，从1.5~1.7米处剪断，副蔓全部剪去。主蔓超长修剪的优点是：主蔓下部的芽小，上部的芽大，利用主蔓上部的大芽，发枝后出大穗。

④蔓性果树"一边倒"架式（图10）：采取V形双篱架式。第一层钢丝距离地面0.3~0.5米，绑缚固定在立柱或横梁上。第二层钢丝距离第一层钢丝1.7米，间距都是0.4米左右，绑缚固定在横梁上（最好横拉钢丝代替横梁）。

这种架式的优点是：第一，只有5道钢丝，省钱；第二，主蔓上发生的结果

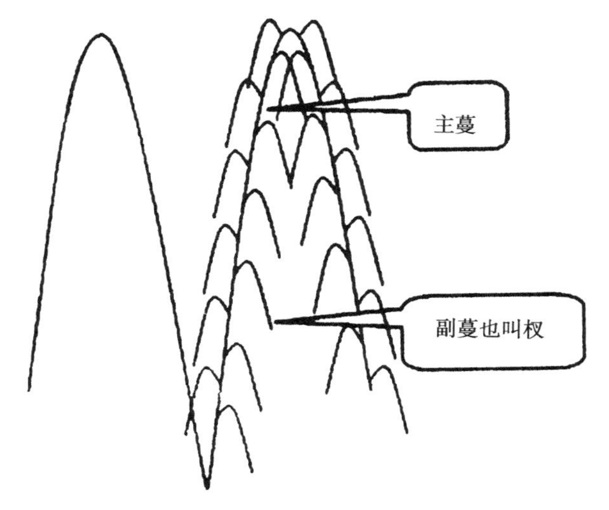

图 8　培养 2 个主蔓

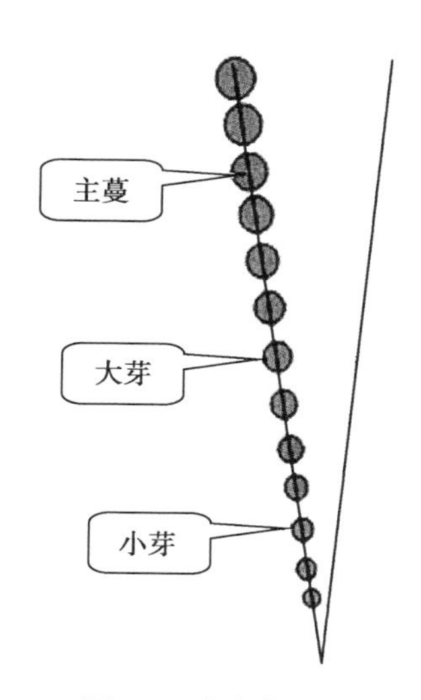

图 9　2 个主蔓冬剪

枝只吊不绑，省工；第三，主蔓上发生的结果枝呈 V 形，果穗美观。

⑤两个主蔓上架（图 11）：主蔓下部向下一株倾斜，而且冬暖棚必须向北倾斜，横绑在第 1 层钢丝上。主蔓上部超过下一株栽植处，超过部分都是大芽。

主蔓下部斜向上的优点是：第一，斜绑以免折断；第二，斜绑便于识别结果枝，容易定穗；第三，基部容易发生新主蔓，有利于更新。

⑥结果枝和果穗修整（图 12）：

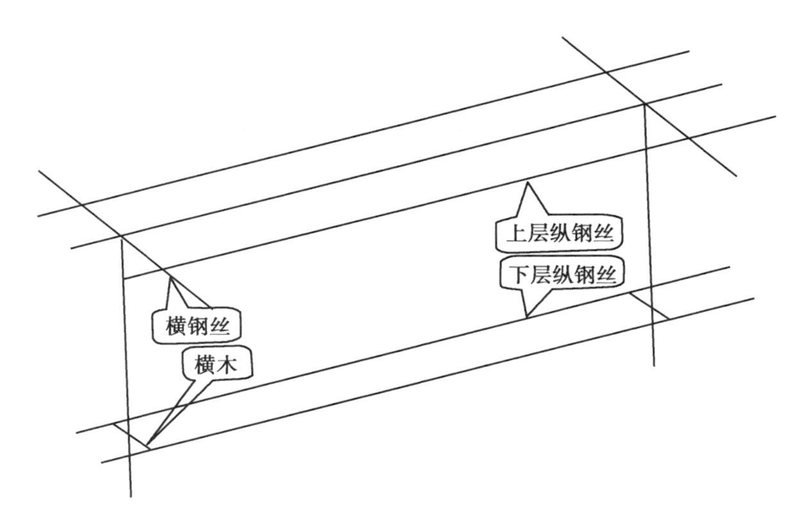

图 10　“一边倒”架式

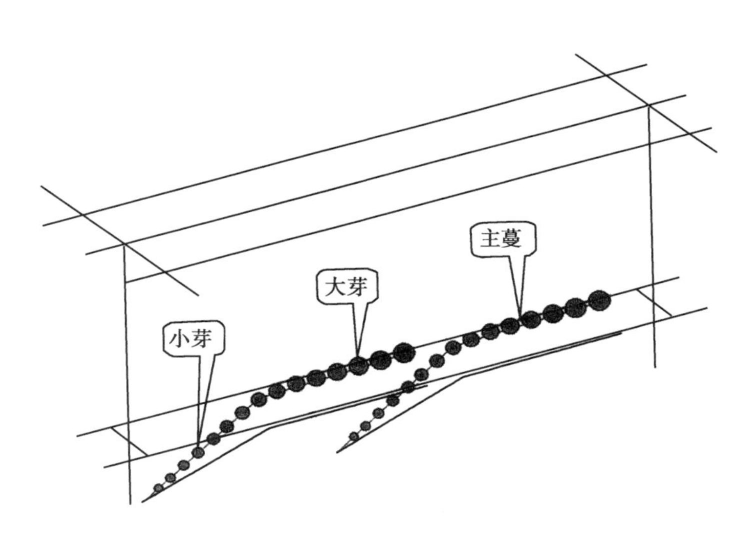

图 11　2 个主蔓上架

第一，主蔓下部的芽小，发枝后出小穗，甚至不出穗，因此主蔓下部的芽发枝后抹去。

第二，主蔓上部的芽大，发枝后出大穗，这些带有果穗的枝叫做结果枝，每个主蔓留 5 个结果枝。因为主蔓上部超过下一株，所以第一株在第二株位置结果，第二株在第三株位置结果，第三株在第四株位置结果——以此类推。冬暖棚

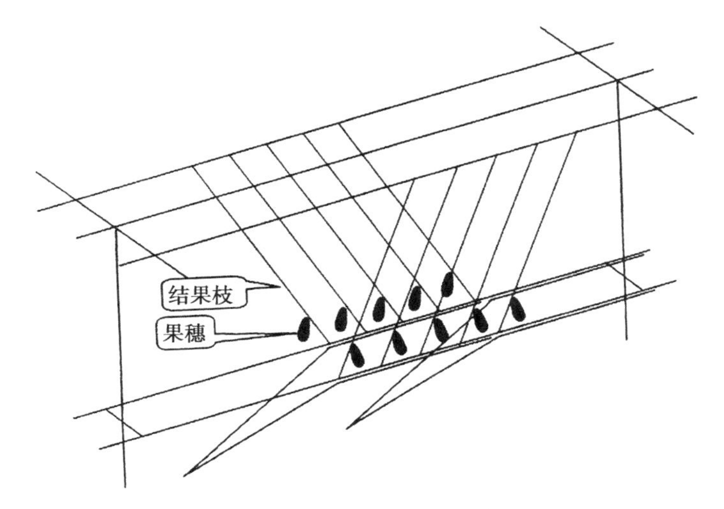

图 12　留结果枝和果穗

最北边 1 株在路上方结果。

第三，每个主蔓留下的 5 个结果枝，分别吊在上层两边的钢丝上。

第四，结果枝旺长的到 8 个叶打头，抹去副蔓，刻去冬芽，只留一个冬芽萌发二次生长，二次生长到上层钢丝再打头，结果枝上的副蔓和芽及时刻去，控制枝蔓生长，减少营养消耗，促使果实发育。但刻芽后叶片极易衰老，因此要喷多次 24 号叶肥。

第五，每个结果枝留 1 穗果，每穗果 1 千克左右。

⑦培养两个新主蔓（即预备枝，图 13）：上架发芽后，在 2 个老主蔓的基部再留 2 个新主蔓（即预备枝），吊在上层的中间钢丝上。2 个新主蔓的培养方法与上一年 2 个老主蔓相同，以备下一年轮回结果。

⑧结果后冬剪（图 14）：采果前叶片养果，采果后叶片养根，所以采果后不挡光不剪。再到冬剪时，只留 2 个新主蔓，仍然从 1.5~1.7 米处剪断，副蔓和结果后的枝蔓全剪去。如此连年循环往复。

2. 栽植管理技术

（1）准备苗木。

①购苗：秋后至春节前购苗木为宜。春节后购苗，极易发生品种混杂现象，而且缺乏优良品种。露地和大棚都是南北成行，株距 0.7 米，行距 1.8~2 米，亩栽 500 株左右。②运苗：0℃以上时装车，苗木淋湿后封严。苗木到家在 0℃以上卸车，并入室，盖严保温保湿，严禁置于 0℃以下的环境。③贮苗：苗木购回后如果不立即栽植，那么可以贮存，方法是：选零度以上的天气，将苗木成捆平埋

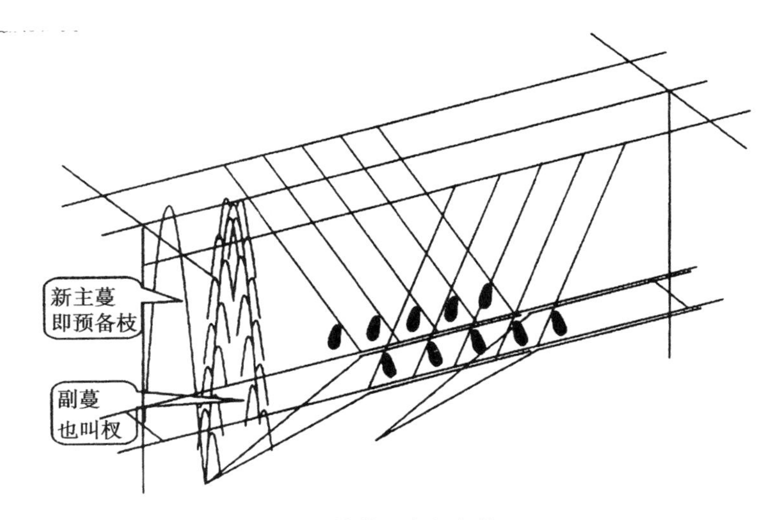

图 13　培养 2 个新主蔓

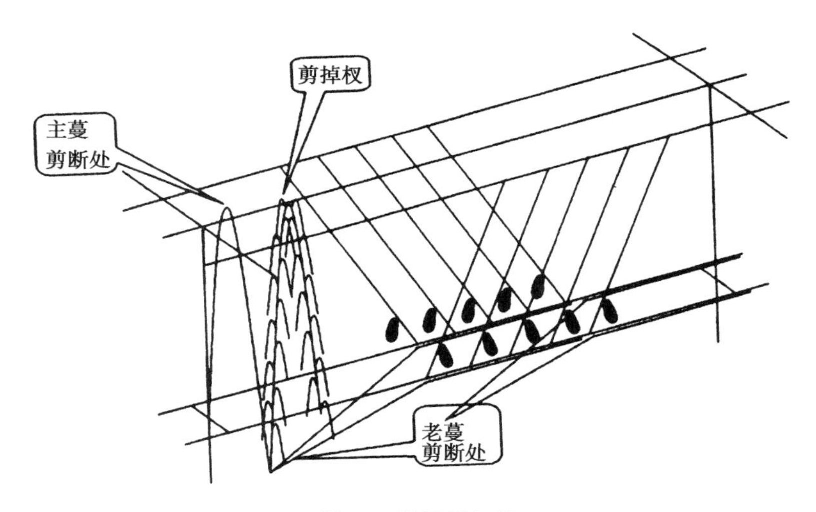

图 14　结果后冬剪

坑中，坑深 60~80 厘米，覆土 30 厘米比地面稍高，上覆草堆，不灌水，只泼水，7℃以下保存。此法易发热，春季土壤解冻后立即栽植。

（2）栽植时间。葡萄和猕猴桃露地秋栽容易冻死，大棚秋栽不利于休眠，所以露地和大棚都是最好春栽，时间在 1 月中旬—5 月中旬，土壤解冻后至发芽后，但越晚长势越弱。另外，大棚也可以先栽树后建棚。

（3）整地起垄。露地和大棚都是南北成行，沿行开沟，深宽各 0.8 米左右。

下半部填入杂草（500~1 000）千克/亩和熟土，掺入尿素 30 千克/亩，使杂草和熟土相混。上半部填入发酵粪肥（2~5）立方米/亩，并与熟土相混，直至填满，若熟土不够，可从行间挖取。将新土在行间做成垄，然后大水沉实。

（4）苗木处理。栽前用 21 号壮根剂+31 号防烂根剂蘸根，有利于促根防烂。如果是嫁接苗，那么还须把砧木芽全刻去，只留嫁接芽，并把绑膜解去。

（5）配授粉树。葡萄为闭花授粉，不必搭配授粉树，不同品种应成片栽植，以便于管理。猕猴桃为雌雄异株，须按 1/9 搭配授粉树（即栽八间一），或将雄株单独栽植，从上采集花粉人工授粉。

（6）栽植方法。沿行按株距 0. 7 米栽植。填土时上下颤动如捣蒜状，使根际充满细土。继续上提，使苗木阴阳线略低于与地平面（将来即使地上冻死，地下还能发芽）。栽后当天大水一次浇透。

（7）苗木定干。成苗留 3 个芽定干，营养杯苗栽时去掉营养杯。芽苗于嫁接口上方 1 厘米处剪平。

（8）保湿保活。

①发芽前栽植的埋小土堆，把株芽盖住，但不能埋土太厚，发芽后扒土露出嫁接口。发芽后栽植的不埋小土堆。②沿行先盖 5 厘米厚的湿草，草上覆盖地膜，以保持湿度，提高地温。③发芽后及时抹去砧木芽，否则芽苗嫁接芽不发。④行间间作物不影响苗木受光，最好安排肥水需求量大的矮杆间作物。如果大棚栽植，5 月上旬必须拔菜。

（9）加快生长。

①栽后每月浇水 3 次左右，保持地表潮湿，直至 9 月。其间下一场大雨，可以少浇一次水，但下小雨不能代替浇水。②5—8 月，每次浇水前，取 2 号 16-8-16 复合肥 10 千克/亩左右，预先化开，随水冲施。③每 15 天左右向叶底面喷布一次 24 号叶肥。

3. 土肥水管理技术

（1）中晚熟品种施肥。第一次 3 月追肥：土壤解冻后，亩施 2 号复合肥 65 千克左右，尿素 2 千克左右，冲施 21 号壮根剂和 EM 菌，以促发新根并防治土传病害。方法是预先将肥化开，随水冲施。此期营养在根中，不能断根伤根。也不能集中施入，集中施入前期浓度大伤根，后期挥发、流失、固定。作用是：满足萌芽、抽枝、展叶、开花、坐果的需要。

第二次 6 月追肥：亩施 2 号复合肥 65 千克左右，硫酸钾 20 千克左右。方法是预先将肥化开，随水冲施。此期根系大量吸收肥水，不能断根伤根。也不能集中施入，集中施入前期浓度大伤根，后期挥发、流失、固定。作用是：满足种子发育、花芽分化和果实膨大的需要。

第三次 9 月底肥（冬季埋土防寒地区在冬剪后）：亩施 EM 菌发酵粪 5 立方米以上，掺入 1 号多肽生物有机肥 250 千克左右，3 号中微肥 50 千克左右，地面撒 4 号钙肥 50 千克左右。此后氮磷钾需求减少，氮多则挥发，磷多则固定，钾多则流失。方法是每年隔行交替进行，在行间开沟，深宽各 40~60 厘米，切断行间根系，施入肥料，与土掺匀。作用是：此期昼夜温差加大，营养开始回流，断根发生新根，营养在新根中贮存，伤根叫做建立新“仓库”，复壮树势，延缓衰老，并疏松土壤。推迟则营养贮存在老根中，伤根叫做破坏“仓库”。

（2）早熟品种（包括大棚果树）施肥。第一次土壤解冻后追肥：亩施 2 号复合肥 100 千克以上，冲施 21 号壮根剂和 EM 菌，以促发新根并防治土传病害。上一年枝不旺加少量尿素，上一年果实质量不好加适量硫酸钾。方法是：预先将肥化开，随水冲施。此期营养在根中，不能断根伤根。也不能集中施入，集中施入前期浓度大伤根，后期挥发、流失、固定。作用是满足萌芽、抽枝、展叶、开花、坐果、种子发育、花芽分化和果实膨大的需要。各种器官及产量的形成，都集中在两个月左右完成，需要大量肥料。从萌芽到果实上色却不能施肥，因为施肥就浇大水，浇大水地凉影响根的吸收，导致落花落果。从果实上色到成熟也不能施肥，因为此期太短，施肥几乎无效。因此，土壤解冻后追肥要一次大量施入。

第二次采果后底肥：亩施 EM 菌发酵粪 5 立方米以上，掺入 1 号多肽生物有机肥 250 千克左右，3 号中微肥 50 千克，地面撒 4 号钙肥 50 千克。此后氮磷钾需求减少，氮多则挥发，磷多则固定，钾多则流失。方法是每年隔行交替进行，在行间开沟，深宽各 40~60 厘米，切断行间根系，施入肥料，与土掺匀。作用是：此期果实已经采收，花芽已经形成，枝条已经控制，不再消耗营养，逼迫营养向根回流，断根发生新根，营养在新根中贮存，伤根叫做建立新“仓库”，复壮树势，延缓衰老，并疏松土壤。推迟则营养贮存在老根中，伤根叫做破坏“仓库”。早熟品种发育两个月左右即成熟，果实膨大消耗的营养主要是上一年贮备的，所以应及早伤根发新根建立新“仓库”。

（3）浇水。盖草达到标准的果园不浇水或每年只浇一次封冻水。不盖草的果园每年浇水 5 次以上，施 3 次肥紧跟浇 3 次水，浇水的作用与施肥相同。另外还有如下几次水。

①器官的形成主要在前期，抽枝、展叶和幼果发育是需水关键期，因此 5 月上旬一定不能干旱。但容易落果的品种或大棚果树，抽枝、展叶和幼果发育期不能浇大水，而是浇小水，隔一行浇一行，一周后再浇另一行。②上色开始不能浇水，否则影响成熟。采前浇水能明显提高产量 10%~30%，但陆续浇小水而且早上浇水，否则裂果。③封冻水一定要浇透。

（4）生草或盖草。

①生草：树下喷精喹禾灵消灭窄叶草，人工拔除大阔叶草，保留马齿苋，任其生长。有如下优点：矮小不影响果树；根浅不与果树争肥；吸水极少，遮盖地面，保湿降温防草；烂后变成肥料；减少耕作节省开支；就地取材。②盖草：一年四季均可覆草。草烂过程中消耗大量氮素，草烂又将氮素释放出来，因此，盖草前后应追施氮肥，或大雨时向草上撒尿素。盖草要逐年加补，保持15~20厘米的厚度。草上不压土，也不要把草翻入土中，但注意防火。盖草有如下作用。

第一，增加有机质含量，不必再施有机肥，而且草中按比例含有果树必须的16种元素，腐烂后即可释放出来。据研究，1千克草烂后可增产4千克苹果。

第二，减少水分蒸发，相当于降雨量400~500毫米，而且保持土壤含水量在常年内基本稳定。如潍坊地区几乎无需浇水也可满足果树生长发育的需要。

第三，防止杂草丛生，而且蚯蚓数量猛增而使土壤变得疏松通透，黏土不黏，沙土不沙，从而不必再进行果园耕翻。

第四，土壤的年内冬夏温差和日内昼夜温差都大大缩小，同时土壤一直保持湿润状态，有利于微生物活动分解土壤和草中的矿质元素，有利于大量毛细根上浮，从表层肥沃的土壤中吸收养分，因此树壮、高产、稳产、优质。

第五，施化肥极其简单，将化肥于预报的大雨前撒于草上，或冬季撒于雪上即可。枯枝落叶也不必清扫，为防止病虫害寄生繁殖，树上喷药时可附带向草上喷洒。

总之，地下除了撒施肥料之外，几乎不用再管理，大幅度节省了用工开支。如果再采用“一边倒”技术，树上管理也大幅度节省用工开支，那么，农民面朝黄土背朝天的沉重劳动历史将真的一去不复返了！

4. 起垄与防寒技术

（1）起垄技术。适于南方多雨地区和北方棚内不寒冷地区。夏季沿行培土起垄，树在垄上，主蔓见土生根，但不能埋住嫁接口。有4个原因。

①果树根系斜向下伸展，如果栽于低洼处，那么最有效的毛细根在行间太深，深土层土壤不肥沃，透气性差，早春地温提升缓慢，尤其大棚果树，冬春季节整个大地极其冷凉，不利于发生新根，地上发芽、开花、结果需要养分而根系供应不够，地上地下不协调，导致坐果率低、产量低、果实小、品质差、树势衰弱、黄叶死根、寿命缩短。②吸收肥水最有效的毛细根主要集中在行间，肥料施在行间才能发挥最大作用，而且行间断根发新根，发了新根寿命长。如果栽于低洼处，行间成垄，不便于开沟施肥，那么最需要肥的区域却施不上肥，最需要断的根却得不到断根。③栽于低洼处，垄在行间，不便于生产管理，更不便于机械化生产。④栽于低洼处，容易发生涝灾，尤其多雨地区。

（2）防寒技术。适于北方寒冷地区（包括棚内）。树不在垄上，而是在垄的一边。冬季较寒地区只埋主蔓基部，冬季严寒地区必须埋土，于落叶修剪后，将枝蔓匍匐于地，结合深翻施肥，从沟中取土将枝蔓埋起来，灌足封冻水。春季土壤解冻后 15 天左右扒去埋土，过早易发生冻害，过晚易碰伤枝芽，导致伤流。

5. 花果管理技术

（1）促成花芽。预备枝上的杈及时扭下垂，并向叶底面喷 1~4 次 23 号调控剂，促使花芽形成。

（2）保花保果。保花保果是为了提高坐果率，有足够的幼果可以选留，而且高产优质。措施有以下方法。

①落果或大小粒的原因：有的品种易落，例如夏黑。缺锌缺硼。氮肥过量，导致旺长。旺长的枝没掐尖。结果枝没挖芽。夜温太高拔节。花期白天超过 28°而且空气干燥。冬暖棚花期浇水导致地温低。花期乱打药。葡萄棚内空气不流动没授粉（猕猴桃属于雌雄异株须人工授粉）。果穗太大。拉穗太早。赤霉素浓度太大导致拉穗太长，膨果太早。②萌芽前喷 3%尿素+0.5%硫酸锌，以利抽枝、展叶、开花和坐果。萌芽后（避开花期）喷 5~8 次 24 号叶肥，以利壮树、开花、坐果、膨果、增甜、增色、防止落果，防止缩果、裂果、畸形果和水罐子病。红色品种采前 20 天不喷尿素，否则不红不甜。穗紧的品种于花蕾分离后用赤霉素拉穗，无籽品种于花后 1~15 天用赤霉素膨果。③露地葡萄套袋：坐果后 15~20 天将小粒果和过密果疏除，喷布嘧菌酯或 37 号杀菌剂等，用葡萄专用袋套起来。套袋时避开高温和阴雨，打药后 2 天内套完。采前 10~15 天，摘除果穗周围的老、病、残叶，然后解袋，为防鸟、虫危害和空气污染，先将袋底打开呈伞状，采收时再去袋。绿色品种采收时一次解袋。

（3）疏花疏果。

①葡萄每个主蔓留 5~7 个结果枝，多余的及时抹去；②葡萄每个结果枝只留 1 穗果，花序刚刚吐出时把多余的抹去；③“一边倒”技术要求葡萄每穗果 1 千克左右，例如粒重 10 克的品种留 100 粒左右。盛花期掐去穗尖，坐果后 15~20 天将小粒果和过密果疏除。④每株按 10 千克左右定产，多余的果穗提早疏除。

6. 葡萄避雨技术

人们普遍认为葡萄管理麻烦，一是掐尖抹杈用工量大，二是打药用工量大。采用“一边倒”技术解决了掐尖抹杈用工量大的问题，采用避雨技术解决了打药用工量大的问题。避雨技术即大棚生产，包括冬暖棚和拱棚，节省开支如下：节省了十多次杀菌剂费用，节省了十多次打药用工费用，节省了套袋费用，节省了套袋用工费用，减少了烂果损失。

7. 大棚葡萄升温时间

（1）冬暖棚制冷促眠法。棚外夜温降到 7℃时（山东寿光 10 月中下旬，以南地区推迟，以北地区提前），白天、晚上都将薄膜和厚草苫盖严（草苫不厚不起作用），棚内放置冰块或安装制冷装置。棚外夜温降到3℃时，不再放冰块或不再制冷，而是白天将薄膜和厚草苫盖严，夜间将薄膜和草苫敞开。如此全天保持7.2℃以下，行间施肥浇大水，空气湿度越大越好。11月中旬修剪，11月下旬全树喷破眠剂，浇水保湿遮阴三天后升温（寒冷地区内挂2层地膜）。此法比露地早100天左右上市。

（2）冬暖棚人工促眠法。棚外夜温降到5℃时（山东寿光10月下旬，以南地区推迟，以北地区提前），白天将薄膜和厚草苫盖严（草苫不厚不起作用），夜间将薄膜和草苫敞开，全天保持7.2℃以下，行间施肥浇大水，空气湿度越大越好。11月中旬修剪，11月下旬全树喷破眠剂，浇水保湿遮阴三天后升温（寒冷地区内挂2层地膜）。此法比露地早90天左右上市。

（3）冬暖棚正常法。落叶时修剪，行间施肥浇大水，空气湿度越大越好。

早熟品种12月中旬（山东寿光10月下旬，以南地区推迟，以北地区提前），全树喷破眠剂，浇水保湿遮阴三天后升温（寒冷地区内挂2层地膜）。此法比露地早80天左右上市。

晚熟品种不升温，冬季修剪后将薄膜和厚草苫盖严（草苫不厚不起作用），保持棚内低温高湿，推迟发芽，推迟成熟。10—11月成熟后保温并防止叶片衰老变黄。此法春节前后上市。

（4）拱棚加草苫法。落叶时修剪，行间施肥浇大水，空气湿度越大越好。

早熟品种12月下旬（山东寿光10月下旬，以南地区推迟，以北地区提前），全树喷破眠剂，浇水保湿遮阴三天后升温（内挂2~3层地膜就像棚内撑小拱棚）。此法比露地早70天左右上市。

晚熟品种不升温，冬季修剪后将薄膜和厚草苫盖严（草苫不厚不起作用），保持棚内低温高湿，推迟发芽，推迟成熟。10—11月成熟后，内挂2~3层地膜就像棚内撑小拱棚，保温并防止叶片衰老变黄，保持空气干燥以防病。此法12月至春节前上市。

（5）拱棚无草苫法。落叶时修剪，行间施肥浇大水。

早熟品种：温暖地区埋土保湿休眠，1月25日至2月10日升温（以山东寿光为准，以南地区提前，以北地区推迟），全树喷破眠剂，外盖无滴膜或半无滴膜，内挂3层地膜就像棚内撑小拱棚，此法比露地早上市25天左右，甚至更早。亚热带地区修剪后可以随时喷破眠剂并保证枝蔓湿润，可以随时上市。

晚熟品种：温暖地区埋土保湿休眠，与露地葡萄一样，不提早升温。10—11月成熟后，内挂2~3层地膜就像棚内撑小拱棚，保温并防止叶片衰老变黄，保持空气干燥以防病。此法12月上市，甚至也能推迟到春节前上市。

注：冬暖棚葡萄越往北上市越早，东北三省和西北部地区更早，但因气候更加严寒，须加强保温措施。拱棚葡萄越往南上市越早，葡萄不同于其他果树，只要喷破眠剂并保证枝蔓湿润，随时可以打破休眠。

8. 大棚葡萄破眠技术

葡萄休眠期很长，需冷量通常为 1 200~1 500 小时，欧亚种群休眠期更长，应采取强制破眠措施。方法是：当休眠进入一半，取 1 千克石灰氮加 5 千克 50℃的温水浸泡，用陶瓷器盛放，反复搅拌 2 小时，待沉淀后，取上部澄清药液，再加渗透剂（不是黏着剂），用毛刷涂抹主蔓上部枝芽，只涂抹一遍，抹后遮阴保湿，3 天后即可升温，此法提前一月打破休眠。但石灰氮不能喷施，浓度轻了不起作用，浓度大了烧芽，不是很好。使用单氰胺复合制剂喷全树效果最好。

9. 大棚葡萄促根技术

冬季，整个大地地温低，棚内地温难以提高，不利于生根，根系吸收和合成的养分少，不足以供地上生长的需要，上下不协调，导致落花落果，果小低产。促使发根的措施如下。

（1）提高地温促根。高垄栽植，地膜覆盖，坐果后揭去。棚边开沟，填以泡沫塑料或杂草，上覆地膜，隔绝地温传导。

（2）使用药物促根。冲施 21 号壮根剂和 EM 菌。

10. 大棚葡萄温、湿、光调控技术

（1）白天气温调控。

①发芽前白天气温：葡萄与桃、李、杏、樱桃等果树不同，葡萄是先形成结果枝，再形成花序，发芽前的白天气温对花序影响不大，但对果实提前上市意义重大。那么发芽前白天气温如何调控为宜？请向作者咨询。②发芽至花后 15 天：保持 24~28℃，有利于开花坐果。温度太高，花器发育不全不利于坐果；温度太低，开花推迟。当气温太高，即使放风也不能顺利降温时，可浇水增加空气湿度。③花后 15 天至果实采收：升至 28~33℃，增加积温，加大昼夜温差，促进营养制造和积累，加速成熟上市。葡萄耐高温，短时间高温不影响生长，但会灼伤果实。

（2）夜间气温调控。

①夜温的标准：夜温太高，不利于坐果、膨果和品质。夜温太低，则花器发育不良，无花粉、无子房、不坐果、开花晚、成熟晚。如果夜温低于 0℃，短时间也会造成伤害，只开花不坐果。

从关闭放风口或放下草苫后，棚内气温先是回升，然后逐渐下降，到早晨日出前降至最低，傍晚和早上温差极大，所以应以早晨日出前气温为标准，日出前气温高则夜温高，日出前气温低则夜温低。那么早晨日出前的气温多少度为宜？

请向作者咨询。②提高夜温的措施：棚要大而连片，风口设风障，四周围草苫，棚内张挂厚地膜即双层膜，棚内撑小拱棚，地面铺塑膜水筒夜间放热，点燃酒精，安装热吹风，安装热喷雾，提早关闭放风口，提早放草苫。③降低夜温的措施：推迟放草苫，或不放草苫，或敞开放风口。

（3）湿度调控。葡萄为闭花授粉，湿度大不影响授粉，而且较大的湿度有利于破眠发芽、有利于叶片光合作用、能避免花器灼伤。

（4）光照调控。葡萄为闭花授粉，花期不怕强光，强光有利于叶片光合作用，但干旱时强光会灼伤花蕾和果实。

三、满透平技术

1. 满透平技术的创造与推广

不论哪种果树，不论哪种树形，果树栽后多年，该结果的不结果，该丰收的不丰收，不用问，肯定是树体调控不合理所致，除非气候不适宜，否则没有任何理由。树体调控的主要方式是整形修剪。

传统的修剪理论和方法，不是直指根本原理去研究，而是从树体的表现上去研究，认为果树自身表现就是老师，所以总结出了一套复杂难懂的修剪理论，譬如“因树修剪，随枝造形；有形不死，无形不乱；平衡树势，主从分明”等。又由这些复杂难懂的修剪理论，派生出了更加复杂难掌握的修剪方法，譬如不同的树形各有一套剪法，不同的树龄各有一套剪法，不同的树势各有一套剪法，不同的管理各有一套剪法，不同的树种各有一套剪法，不同的品种各有一套剪法等。

这些复杂的理论和方法听起来高深莫测，越听越糊涂；剪起来无从下手，越剪越错。所以有的人干脆走上了另一个极端，即放任生长，不要树形。如今果树专业的大学生走出校门不会剪树，这已是不争的事实。而农民就更难了，只能是一边生产，一边学习，一边摸索，常常导致果树修剪后发枝多、树形乱、结果慢、产量低、品质差等一系列问题。生产上走了很多弯路，才好不容易熬到丰收，还不一定大丰收。如果新栽一种果树，那么还得从头再来，没见过的果树他不会修剪。

果树高产优质的原理是：叶片多制造营养，树体少消耗营养，平衡分配营养。据此，蔡英明又创造了“满透平”理论技术，适于各种果树、各种树形，直指根本，至简至易。让农民在几天之内，学会世界上全部果树的整形修剪技术，生产中不再走弯路，以最快的速度获得丰收。

2. 传统树形的基本结构

（1）自由纺锤形。株距 2~3 米，行距 4~5 米，树高 3 米左右，干高 50~60 厘米，全树螺旋式着生主枝 9~12 个，主枝间距 20 厘米左右，同一方向主枝间距不少于50厘米，主枝开张角度80°左右，单轴伸展无侧枝，下部比上部略长，树呈纺锤形或塔形，干性强的果树适于这种树形。冠径超过2.5米时内膛光照极易恶化。这种树形极难培养，工序特多，生产上很难找到真正的自由纺锤形。

（2）细长纺锤形。株距1.5~2米，行距3~4米，树高3米左右，干高50~60厘米，全树螺旋式着生主枝12个以上，主枝开张角度近乎水平，单轴延伸无侧枝，树呈细长纺锤形或高塔形，干性强的果树适于这种树形。冠径超过2米时内膛光照极其恶化。这种树形也极难培养，工序特多，生产上也很难找到真正的细长纺锤形。

（3）小冠分层形。株距3~4米，行距3~5米，树高3米左右，干高50~60厘米，全树5~7个主枝，分为2层，第一层3~4个主枝，第二层2~3个主枝。层间距0.8~1.2米，层内距10~20厘米，第一层主枝各培养2个侧枝，第二层主枝不培养侧枝，第一层主枝开张角度70°左右，第二层主枝开张角度75°左右，冠径一般不超过3米，冠径超过3米须加大层间距，干性强的果树适于这种树形。这种树形较易培养，工序比纺锤形少，但成形比纺锤形晚。生产上多数的纺锤形改成了小冠分层形。

（4）开心形。株距3~4米，行距4~5米，干高30~50厘米，有主干而无中心干，主干先端向四周放射状着生3~4个主枝，每个主枝培养2~3个侧枝，主枝开张角度45°左右，各种干性果树都可以采用开心形。这种树形易培养，工序少。

（5）高干开心形（也叫高光形）。通常由纺锤形或小冠分层形只留上部主枝并落头开心而成。

（6）二主枝开心形（也叫Y形）。株距1.3米左右，行距3~5米，干高30~50厘米，有主干而无中心干，主干先端着生2个主枝，向行间伸展，全园主枝平行排列，主枝上不培养侧枝，而直接着生结果枝组，主枝开张角度45°左右，各种干性果树都可以采用这种树形。这种树形很容易培养，工序很少。

3. 满透平理论与技术

（1）满。“满”即哪个方位都有枝。枝叶占满空间，不浪费阳光和土地，有足够的叶片进行光合作用制造足够的营养。“满”是为了多制造营养。生产上有3种不满。

①枝量不够：于萌芽前在缺枝处选一枝芽，在枝芽上方环切1~3刀，促使发枝生长以占满空间。②分布不均：用拉枝法调整方位以占满空间。③主枝直立：用拉枝法将主枝开张角度，扩大树冠以占满空间。

（2）透。“透”即哪个部位的枝都能见光。不见光的枝叶不但不制造营养，反而还会因为呼吸和生长而消耗营养。“透”是为了少消耗营养。生产上有3种不透。

①枝重叠（包括下垂枝）：有空间的拉枝调整方位，无空间的疏除。②枝交叉：不可以大交叉，大交叉时缩剪。③枝拥挤：适当疏剪，防止密挤挡光。

（3）平。“平”即营养平衡分配。“满”是为了多制造营养，“透”是为了少消耗营养，营养制造的多而消耗的少，营养不就多积累吗？营养积累的多不就高产优质吗？但是还不行，还要平衡分配这些营养。分配少部分营养去长枝，枝够用就行；分配大部分营养去结果，必然会高产优质。生产上有3种不平。

①大枝直立：表现为上强下弱，外强内弱。改造方法是拉枝开张角度，稀植开角较小以使树冠较大，密植开角较大以使树冠较小。株距4米开角60°左右，株距3米开角70°左右，株距2米开角80°左右，有中心干的开角大，无中心干的开角小，侧枝比主枝开角更大。②大枝上的小枝直立：改造方法是抹、掐、扭、捋、拿、别、剪（樱桃侧生枝和枣侧生枣头枝以掐为主，旺枝芽5厘米连续掐尖），有空间的弄平，无空间的疏剪。③发枝太旺：解决的办法是先缓后缩，即一律缓放不剪，长势自动变弱，形成花芽结果，然后回缩，桃树回缩至靠近主枝的新枝处，其余果树回缩至不挡光处。

农民朋友们，哪怕你只有小学文化，也能在一天之内学会并掌握“满透平”三字理论和技术，第二天你就可以大胆地修剪果树了，甚至你从来都没见过的叫不上名来的果树，你拿起剪子按这个办法去修剪，保证剪出来就是好样的，剪出来的果树保证就达到高产优质的标准。

有的人说“一个专家一种剪法”，这种说法是为自己不会剪树而辩护。只有高产优质的剪法才是正确的，不高产不优质的剪法肯定错误。试想：他剪出来的树枝叶浪费阳光和土地，做不到“满”，怎么会高产优质呢？他剪出来的树枝叶重叠不见光，做不到“透”，怎么会高产优质呢？他剪出来的树发生大量直立旺枝或满树小弱枝，做不到营养平衡分配，怎么会高产优质呢？所以他修剪水平高不高，也就是说，他剪出的树能不能高产优质，你利用“满透平”三字理论一对照，一目了然。“满透平”是衡量修剪水平的最简单最根本的标准。

第五章

产中技术创新——大棚蔬菜技术

第一节 《齐民要术》的贡献

大棚生产属于保护地栽培，1 400 年前就已经出现了保护栽培技术，贾思勰在《齐民要术》中曾经提及。例如种蒜："冬寒，取谷枬布地，一行蒜，一行枬。不尔则冻死"。再如种穀楮："耕地令熟，二月楼耩之，和麻子漫散之，即劳。秋冬仍留麻勿刈，为楮作暖。"

大棚蔬菜就是把蔬菜种在了大棚里，只是环境改变了，基本技术大致相同。《齐民要术》中对蔬菜技术有详细记述。

例如，收种："常岁岁先取本母子瓜，截去两头，止取中央子。本母子者，瓜生数叶，便结子；子复早熟。用中辈瓜子者，蔓长二三尺，然後结子。用后辈子者，蔓长足，然後结子；子亦晚熟。种早子，熟速而瓜小；种晚子，熟迟而瓜大。去两头者：近蒂子，瓜曲而细；近头子，瓜短而喎。凡瓜，落疏青黑者为美；共、白及斑，虽大而恶。或种苦瓜子，虽烂熟气香，其味犹苦也。又收瓜子法：食瓜时，美者收取，即以细糠拌之，日曝向燥，挼则簸之，净而且速也"。"收葱子，必薄布阴乾，勿令浥郁。此葱性热，多喜浥郁；浥郁则不生"。

例如，验种："若市上买韭子，宜试之：以铜铛盛水，於火上微煮韭子，须臾芽生者好；芽不生者，是裛郁矣"。

例如，预防种子退化："收条中子种者，一年为独瓣；种二年者，则成大蒜，科皆如拳，又逾於凡蒜矣"。

例如，芫荽种子处理："先燥晒，欲种时，布子於坚地，一升子与一掬湿土和之，以脚蹉令破作两段。多种者，以砖瓦蹉之亦得，以木砻砻之亦得。子有两人，人各著，故不破两段，则疏密水裛而不生。著土者，令土入壳中，则生疾而长速。种时欲燥，此菜非雨不生，所以不求湿下也。”

例如，茬口：“依法种之，十亩胜一顷。於良美地中，先种晚禾。晚禾令地腻。熟，劁刈取穗，欲充茇方末反长。秋耕之。耕法：弭缚犁耳，起规逆耕。耳弭则禾茇头出而不没矣。至春，起复顺耕，亦弭缚犁耳翻之，还令草头出。耕讫，劳之，令甚平。种稙谷时种之。种法：使行阵整直，两行微相近，两行外相远，中间通步道，道外还两行相近。如是作次第，经四小道，通一车道。凡一顷地中，须开十字大巷，通两乘车，来去运辇。其瓜，都聚在十字巷中。瓜生，比至初花，必须三四遍熟锄，勿令有草生。草生，胁瓜无子。锄法：皆起禾茇，令直竖。其瓜蔓本底，皆令土下四厢高微雨时，得停水。瓜引蔓，皆沿茇上。茇多则瓜多，茇少则瓜少。茇多则蔓广，蔓广则歧多，歧多则饶子。其瓜会是歧头而生；无歧而花者，皆是浪花，终无瓜矣。故令蔓生在茇上，瓜悬在下”。

例如，倒茬：“十月中，犁粗畤，拾取耕出者。若不耕畤，则留者英不茂，宰不繁也。”“取根者，用大小麦底。六月中种。十月将冻，耕出之。一亩得数车。早出者根细。”

例如，因地因时种植：“蒜宜良软地。白软地，蒜甜美而科大；黑软次之；刚强之地，辛辣而瘦小也。三遍熟耕，九月初种。”“胡荽宜黑软青沙良地，三遍熟耕。树阴下，得；禾豆处，亦得。春种者用秋耕地。开春冻解地起有润泽时，急接泽种之。”

例如，催芽：“凡种菜，子难生者，皆水沃令芽生，无不即生矣。”

种子伴播：“炒谷拌和之，葱子性涩，不以谷和，下不均调；不炒谷，则草秽生。两耧重耩，窍瓠下之，以批蒲结反契苏结反继腰曳之。”

播种深度：“畦欲极深。韭，一剪一加粪，又根性上跳，故须深也。”

保苗：“先卧锄耧却燥土，不耧者，坑虽深大，常杂燥土，故瓜不生。然後掊坑，大如斗口。纳瓜子四枚、大豆三个於堆旁向阳中。谚曰：“种瓜黄台头。”瓜生数叶，掐去豆。瓜性弱，苗不独生，故须大豆为之起土。瓜生不去豆，则豆反扇瓜，不得滋茂。但豆断汁出，更成良润；勿拔之，拔之则土虚燥也”。

育苗移栽：“茄子，九月熟时摘取，擘破，水淘子，取沈者，速曝乾裹置。至二月畦种。治畦下水，一如葵法。性宜水，常须润泽。著四五叶，雨时，合泥移栽之。若旱无雨，浇水令彻泽，夜栽之。白日以席盖，勿令见日。”

耕地：“凡秋耕欲深，春夏欲浅。犁欲廉，劳欲再。犁廉耕细，牛复不疲；再劳地熟。旱亦保泽也。秋耕稀一感反青者为上。比至冬阴，青草复生者，其美与小豆同也。初耕欲深，转地欲浅。耕不深，地不熟；转不浅，动生土也。菅茅之地，宜纵牛羊践之，践则根浮。七月耕之则死。非七月，复生矣。”

松土：“多锄则饶子，不锄则无实。五谷、蔬菜、果蓏之属，皆如此也。”

区种瓜法：“六月雨后种菉豆，八月中犁稀杀之；十月又一转，即十月中种瓜。率两步为一区，坑大如盆口，深五寸。以土壅其畔，如菜畦形。坑底必令平正，以足踏之，令其保泽。以瓜子、大豆各十枚，遍布坑中。瓜子、大豆，两物为双，藉其起土故也。以粪五升覆之。亦令均平。又以土一斗，薄散粪上，复以足微蹑之。冬月大雪时，速并力推雪於坑上为大堆。至春草生，瓜亦生，茎叶肥茂，异於常者。且常有润泽，旱亦无害。五月瓜便熟。其掐豆、锄瓜之法与常同。若瓜子尽生则太穊，宜掐去之，一区四根即足矣。”

套种：“又可种小豆於瓜中，亩四五升，其藿可卖。此法宜平地。瓜收亩万钱”。“葱中亦种胡荽，寻手供食，乃至孟冬为菹，亦无妨。”

冬瓜整蔓：“傍墙阴地作区，圆二尺，深五寸。以熟粪及土相和。正月晦日种。二月、三月亦得。既生，以柴木倚墙，令其缘上。旱则浇之。八月，断其梢，减其实，一本但留五六枚。多留则不成也。”

定果整果：“著三实，以马箠瑴其心，勿令蔓延；多实，实细。以藁荐其下，无令亲土多疮瘢。度可作瓢，以手摩其实，从蒂至底，去其毛；不复长，且厚。”

瓠瓜壮株膨果：“既生，长二尺独创性，便总聚十茎一处，以布缠之五寸许，复用泥泥之。不过数日，缠处便合为一茎。留强者，馀悉掐去，引蔓结子。子外之条，亦掐去之，勿令蔓延。留子法：初生二、三子不佳，去之；取第四、五、六子，留三子即足。”

采摘：“在步道上引手而取，勿听浪人踏瓜蔓，及翻覆之。踏则茎破，翻则成细，皆令瓜不茂而蔓早死。若无茇而种瓜者，地虽美好，正得长苗直引，无多盘歧，故瓜少子。若无茇处，竖乾柴亦得。凡乾柴草，不妨滋茂。凡瓜所以早烂者，皆由脚蹑及摘时不慎，翻动其蔓故也。若以理慎护，及至霜下叶乾，子乃尽矣。但依此法，则不必别种早、晚及中三辈之瓜。”

苜蓿收获：“一年三刈。留子者，一刈则止。”

芫荽反季节上市：“收获若留冬中食者，以草覆之，尚得竟冬中食。”

生姜生长与贮存：“六月作苇屋覆之。不耐寒热故也。九月掘出，置屋中。”

第二节　大棚蔬菜技术并不神秘

有人以为大棚蔬菜生产技术高深莫测，其实并不神秘。任何一门技术学问，越高越简单，叫做真传几句话，假传万卷书。大棚蔬菜生产不同于露地，主要有以下 3 项。

第一是薄膜，其他水泥、钢筋等材料都能代替，或可有可无，唯有薄膜不能代替，这个问题已经解决了。

第二是施肥技术，因为棚内连作而极易发生重茬障碍，笔者已在施肥技术中论述并简化了。

第三是病虫防治技术，因为棚内连作而极易发生病虫害，笔者已在病虫防治技术中论述并简化了。

其余技术包括建棚、改土、育苗、栽植、植株调理和温、湿、光、气调控，笔者也在本书中将其简化，用浅显的语言把技术讲明白，尽量不用专业术语，文化水平不高的农民只要能识字，看了照做就能获得大丰收。

第三节 冬暖棚建造技术

一、冬暖棚基本要求

棚内不积水。积水易沤根和生病。

土地高利用。在小面积暖棚中可实行立体种植，多茬生产。

光能高利用。如果光能不足应补充光照。

升温速度快。要求寒冷时能迅速保温、升温。

降温速度快。温度太高则加强放风管理，但要避免冻伤。

保温性能好。必要时备有草苫等保温材料，以及棚内加膜。

抗风抗雨雪。要及时管理防风、防雨、防雪压塌。

便于机械化。棚内设施要有利机械化作业。

大棚造价低。要求质量好，但又要造价低。

二、棚基设计

1. 大棚选址

①在拱棚不能越冬生产的北方，建造冬暖棚；②棚内地面以下至少 1 米不能见水，棚外雨水不能向棚内倒灌，棚区排水系统完整；③棚体与东、西、南三面的树木及建筑物的距离为树木及建筑物高度的 2 倍以上；④山区丘陵要避风，洼地要通风；⑤连片集中。

2. 棚体座向

坐北向南为最好。有的专家以为，多雾和空气质量差的地区，上午 10：00 前光线较弱，冬暖棚座向宜向南偏西 5°～10°角。少雾和空气质量好的地区，上午光质好，冬暖棚座向宜向南偏东 5°～10°角。以产量为事实证明，这是极其错误的，这是因为：①多雾和空气质量差的地区，早上和傍晚光线一样弱；少雾和空气质量好的地区，早上和傍晚光质一样较好；②冬暖棚以冬春季节生产为主，冬春季节是在东偏南方向日升，在西偏南方向落日，偏角 5°～10°角并不增加光照时数；③偏角 5°～10°角浪费土地，而且不利于村庄间和农户间的土地调整。

3. 棚间距离

即前棚棚脊处至后棚棚前缘处的距离，等于冬至时棚外高的投影长度，例如山东省冬至时物体的投影长度约为物体高度的 2 倍。如果种植大棚果树，冬至后一个月左右才发芽，发芽前对日照不严格，发芽后太阳已北移，因此山东省果树大棚的棚间距，可以为大棚外边地面以上高度的 1.7 倍左右。

三、棚墙设计

目前，推广的新式大棚，冬季少雨雪地区大棚内宽 12 米左右，冬季多雨雪地区大棚内宽 9 米左右，棚内地面以上的墙体高度都是 4.2 米左右。

土墙适于降雨少、地势高、水位深的地区，形成半地下式棚体，优点是白天贮热，夜间放热，保温效果好，而且造价低。缺点是大雨排水极其不易。

砖墙适于降雨多、地势低、水位浅的地区，优点是易排水。缺点是保温效果差，造价高。

土墙底宽 5 米，顶宽 2 米。夯实墙基后，用挖掘机挖土筑墙，用链轨车分 6 层压实。棚内棚外都挖，但靠近棚前的土不全挖走，筑成 1 米宽的小路，小路高出棚内地面 0.5 米，一是便于行走，二是防止雨水流入棚内。用挖掘机切平墙面，使墙体呈梯形，墙内呈陡坡，墙外呈缓坡。为防雨水冲刷，墙体用砖、或水泥板、或薄膜、或无纺布护坡。

山墙厚度与后墙相同，呈不等边屋脊形，前面与棚面角度一致，后面与后坡角度一致。土墙脊顶不能用链轨车压实，可以人工夯实。

四、棚面设计

1. 棚体长度

棚体越长保温性能越好。冬暖棚东、西两面各有一堵矮墙挡光，为了减少挡光的损失，尽可能延长棚体长度，最长可达 150 米。

2. 棚内宽度、棚体高度和棚面倾角

棚内加宽则保温性能好，土地利用率高，但怕雨雪，因此须加高棚体。棚体加高则棚面倾角大，反射阳光少，有利于光能利用，牢固抗雨雪，但浪费土地、造价高。这是一对矛盾，如何解决？①边柱高 1.4 米左右为宜，只要不影响生产管理即可。棚脊高 5.2 米左右为宜，5.2 米以上再增高一点，造价也会大增；②按上述棚体高度，冬季少雨雪地区大棚内宽 12 米左右，冬季多雨雪地区大棚内宽9米左右；③棚面的前沿倾角加大，棚面的整个上部按抛物线造成拱圆形。

3. 横杆

适于拱杆大棚，拱梁大棚为了牢固也可加横杆。横杆粗为4厘米、厚为2.5毫米以上的镀锌钢管，与棚体等长，共2根。前面1根安置在最矮一排立柱顶端的槽口中，槽口下部打小孔穿铁丝将横杆绑牢，后面1根安置在后坡檩条最高处（即棚脊处），并与檩条绑在一起。

4. 拱杆（或拱梁）

拱杆适于种植地面有立柱的大棚，直径为5厘米、厚为2.5毫米以上的镀锌钢管，间距为3.6米，弯成棚面形状，安置在每排立柱顶端的槽口中，并在立柱顶端小孔中穿镀锌铁丝固定拱杆，拱杆与前后2根横杆焊接在一起，涂防锈漆。

拱梁适于种植地面无立柱（或只有1根立柱）的大棚，间距1.8米，与棚体断面形状相同，上弦直径为5厘米、厚为2.5毫米以上的镀锌钢管，下弦直径为3厘米、厚为2.5毫米以上的镀锌钢管，拉花用12号圆钢。焊接拉花时拱梁两头变窄，前端焊接在棚前水泥墩上，后端焊接在棚墙水泥墩上。浇制水泥墩时将三角铁或直径5厘米镀锌钢管固定在里边。拱梁前面折弯处距地面1.4米左右，棚面的前沿倾角60°。拱梁涂防锈漆。

5. 垫杆

垫杆在钢丝之上薄膜之下，作用是防止薄膜流滴被钢丝挡阻，长度从棚前沿到棚顶，间距为60厘米左右，通常采用直径为2厘米左右的几根细竹竿连接起来，也可采用PVC塑料管，并用12号铁丝绑于钢丝上。

6. 钢丝

钢丝在拱杆或拱梁之上垫杆之下，采用26号镀锌钢丝，间距为20厘米。预先在两山墙顶上放置垫木并埋平，然后用紧线机拉紧钢丝并拴固在两山墙外的地锚上，钢丝与拱杆（或拱梁）交叉处用1.2毫米镀锌钢丝绑牢，并沿拱杆（或拱梁）相连以防钢丝滑动。

7. 压膜线

压膜线在棚膜之上，用尼龙绳或8号铁丝套上细塑料管作压膜线。压膜线上端拴在棚脊之后东西向的钢丝上（也拴草苫绳），下端拴在地锚上，压于两道拱杆或拱梁中间，拉得绷紧，如此则里面往外拱，外面往里压，棚面呈瓦棱形，有利于顺水抗风。

8. 地锚

两山墙外的地锚间距为0.5米，棚前沿的地锚对准压膜线，预先挖沟或挖坑，深为1.5米，埋入坠石或2块红砖，并夯实，坠石或2块红砖上拴备接钢丝，备接钢丝露出地面为0.5米。

五、后坡设计

1. 后坡长度和仰角

新式大棚墙体高大，不论后坡多长和仰角多小，都不会影响采光，因此，理论上应该长后坡，有利于夜间保温，但长后坡不能堆土保温，堆土压力大，必须采用价格昂贵的轻质保温材料，否则导致檩断柱折。这是一对矛盾，如何解决？目前生产上主要采取短后坡（坡长不到1米）、高仰角（45°角左右）、坡后培土的模式，大棚牢固耐用。但砖墙大棚只能长后坡并采用价格昂贵的轻质保温材料。

2. 檩条

拱杆大棚用檩条，拱梁大棚不用檩条。檩条间距为1.8米，数量比拱杆多1倍。可用直径10厘米左右的优质圆木作檩条；也可用水泥檩条，长为2.1米左右，宽为18厘米，厚为7厘米，内有3.2毫米的冷拔丝6根。檩条放置在最北边1根立柱顶端与后墙中间，与拱杆和压膜线对准。

3. 钢丝

有立柱的大棚，钢丝在檩条之上；无立柱的大棚，钢丝在拱梁之上。采用26号镀锌钢丝，间距为10厘米。预先在两山墙顶上放置垫木并埋平，然后用紧线机拉紧钢丝并拴固在两山墙外的地锚上，钢丝与檩条交叉处用1.2毫米镀锌钢丝绑牢，并沿檩条相连以防钢丝滑动。

4. 保温层

如果是短后坡，那么钢丝背上铺薄膜，薄膜背上铺无纺布，无纺布背上培土50厘米左右，土之上铺旧薄膜，旧薄膜之上铺无纺布。如果是长后坡，那么钢丝背上铺泡沫板，泡沫板背上铺5厘米厚的水泥板，水泥板背上铺旧薄膜，旧薄膜之上铺无纺布。

六、立柱设计

1. 立柱制作

大面14厘米，小面12厘米，厚度6.5厘米，内有3.2毫米的冷拔丝5根。北边支撑檩条或拱梁的立柱更粗，要求宽18厘米，厚7厘米，内有3.2毫米的冷拔丝6根。

2. 立柱数量

拱杆大棚在棚内土地中埋立柱，叫有立柱大棚；拱梁大棚只在路边埋立柱，不在棚内土地中埋立柱，叫无立柱大棚（无立柱大棚不是完全无立柱）。立柱挡光，不便于生产管理，只要能保证棚体载重安全，就应减少立柱数量。立柱在拱杆（或拱梁）之下，南北形成一排。另外，拱杆大棚的每根檩条之下都有1根粗立柱。

3. 立柱安装

立柱下垫基石或红砖，埋入地下0.5米。上端打孔以便穿铁丝固定横杆、拱杆（或拱梁）和檩条。顶部有槽口，以便于安装横杆、拱杆（或拱梁）和檩条。

4. 各种大棚的立柱设置

第一种大棚（图15）：适于少雪地区。拱杆加土墙，棚内宽12米左右、棚脊高5.2米左右，墙底宽5米，顶宽1.5米，墙高4.2米左右，设6根立柱，路南立柱的间距2.8米左右。第1根立柱地上高4.9米，靠墙埋，大面向东，向北倾斜，支撑檩条的顶部。第2根立柱地上高5.1米，靠路南侧埋，大面向北，直立，支撑拱杆顶部（即棚脊）以南1米左右。第3根立柱地上高4.9米，大面向北，直立，支撑拱杆。第4根立柱地上高4.1米，大面向北，直立，支撑拱杆。第5根立柱地上高3米，大面向北，直立，支撑拱杆。第6根立柱地上高1.4米，大面向东，直立，支撑横杆。另外，棚前沿1根向北倾斜的戗柱，其上部顶在前立柱顶端的横杆上。

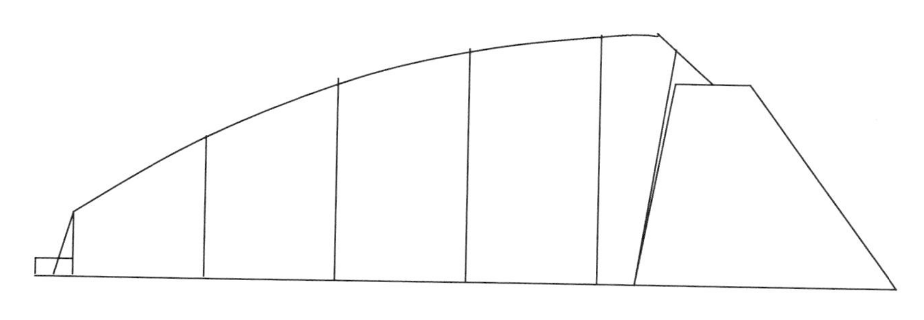

图15　拱杆土墙冬暖棚示意

第二种大棚（图16）：适于少雪地区。。拱杆加砖墙，棚内宽12米左右、棚脊高5.2米左右，设5根立柱，没有靠墙的立柱，靠路南侧的立柱支撑檩条的顶部，其余与第一种大棚一样。

第三种大棚（图17）：适于少雪地区。拱梁加土墙，棚内宽12米左右、棚脊高5.2米左右，设3根立柱，第一根立柱地上高4.9米，靠墙埋，大面向东，向北倾斜，支撑拱梁的弯处（即棚脊）。第二根立柱地上高5.1米，靠路南侧埋，大面向北，直立，支撑拱梁的后部（即棚脊以里）以南1米左右。第三根立柱地上高4.1米，为粗立柱，埋在路南地中央，大面向北，直立，支撑拱梁。用直径8厘米镀锌钢管代替更好。

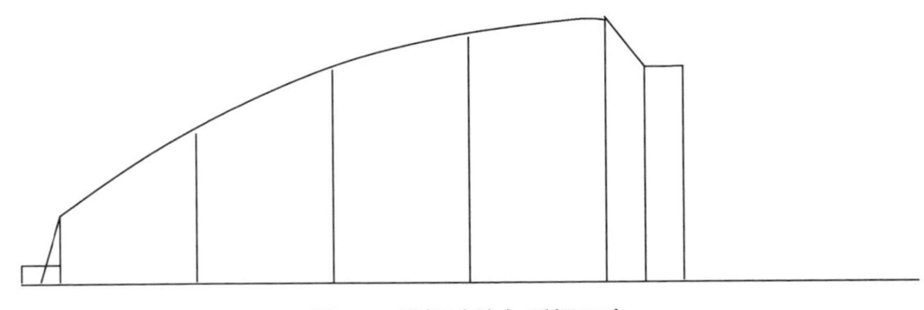

图 16　拱杆砖墙冬暖棚示意

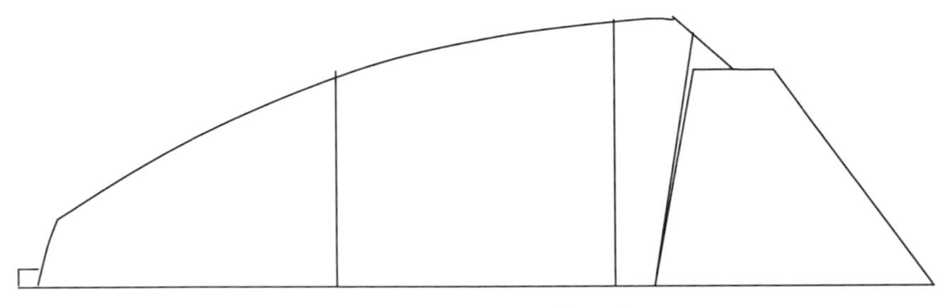

图 17　拱梁土墙冬暖棚示意

第四种大棚（图 18）：适于少雪地区。拱梁加砖墙，棚内宽 12 米左右、棚脊高 5.2 米左右，设 2 根立柱，没有靠墙的立柱，靠路南侧的立柱支撑拱梁的弯处（即棚脊），其余与第三种大棚一样。

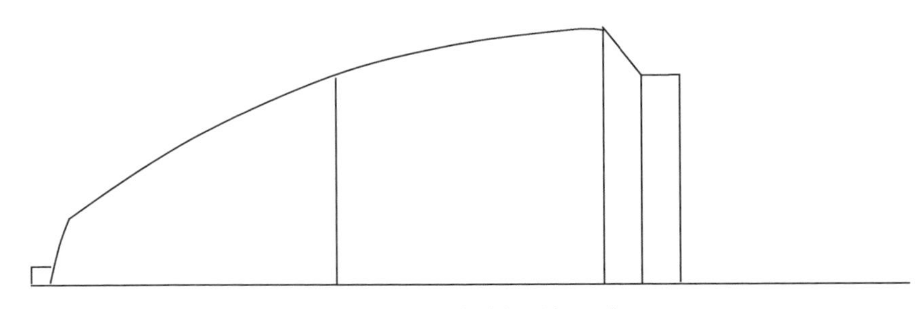

图 18　拱梁砖墙冬暖棚示意

第五种大棚（图 19）：适于多雪地区。拱梁加土墙，棚内宽 9 米左右，棚脊高 5.2 米左右，设 2 根立柱，没有埋在路南地中央的立柱，其余与第三种大棚一样。

第六种大棚（图 20）：适于多雪地区。拱梁加砖墙，棚内宽 9 米左右，棚脊高 5.2 米左右，只设 1 根立柱，地上高 5.2 米，靠路南侧埋，大面向东，直立，支撑拱梁的弯处（即棚脊）。

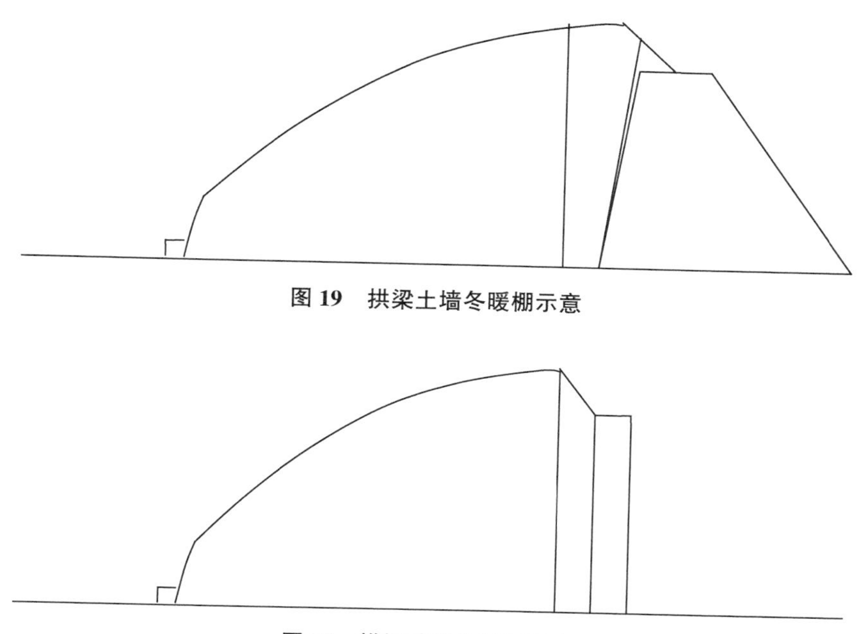

图 19　拱梁土墙冬暖棚示意

图 20　拱梁砖墙冬暖棚示意

七、棚膜选择

1. 棚膜的功效

①防尘透光：材料防静电，原料中不添加析出物，不粘尘，透明度高。②转光：植物主要利用红光和蓝光，而这两种光只占 3%。棚膜中加入铕等稀土元素，或加入有机荧光颜料，就可以将紫外光转换为蓝光和红光，将绿光转换为红光，使有效光增加，而且可将直射光调成散射光，散射光不炙热，因此植物在低温弱光和高温热浪时还能生长。③调光：紫色膜能透过红、蓝光并吸收绿光，可提高菠菜产量，延长上市期。红色膜能透过红光和蓝光，促进黄瓜生长。银灰色膜能驱蚜虫。铝箔反光膜保地温、增强暗处光照。④升温保温：棚膜透明度高则升温快。原料中掺入保温剂，阻挡红外线向棚外辐射，保温效果好。⑤消雾流滴：流滴膜又叫无滴膜，无滴膜不是没有水滴，水滴不是直接从棚膜上滴下来，而是形成流滴，滑落到棚的前沿。无滴膜流滴的原理是：在棚膜原料中加入硅氟等表面活性剂，或在棚膜表面涂覆硅氟等表面活性剂，雾气一接触硅氟等表面活性剂立即被吸附到棚膜表面，并迅速扩展成一层水膜，水膜顺势流下，既消了雾，又不滴水。所谓灌浆膜又叫涂覆膜，就是在棚膜表面涂覆硅氟等表面活性剂，叫灌浆膜实际不恰当。有下列优点：第一，硅氟等表面活性剂不是从棚膜中析出来的，

棚膜内部结构不受影响，透光更好。第二，不在棚膜原料中加入硅氟等表面活性剂，不与老化剂发生冲突，老化剂的作用充分发挥，棚膜寿命更长。流滴消雾还有下列措施：第一，棚膜要撑平，否则有皱褶影响流滴下滑。第二，棚膜内侧喷流滴消雾剂或生豆浆。第三，棚膜先扣上 10~15 天，再把棚膜翻过来也有一定的无滴效果。第四，高温高湿能快速消耗棚膜表面涂覆的硅氟等表面活性剂，因此高温高湿的大棚不宜采用灌浆膜。⑥抗抻拉抗撕裂：三层结构抗抻拉、抗撕裂；四层结构更抗抻拉、更抗撕裂。⑦抗老化寿命长：原料中掺入抗氧剂和光稳定剂，可以延长棚膜的使用寿命。⑧多功能复合：棚膜具备上述多项功能，工艺多层共挤、宽幅吹制、牵引卷取，使棚膜更加平整。

2. 棚膜的种类

①PVC 聚氯乙烯膜：优点是新膜高透光，高保温，抗抻拉，耐酸耐碱。缺点是比重大成本高，低温硬脆，高温松软，助剂一个月析出后吸尘影响透光，残膜污染土壤，燃烧产生氯气污染环境，目前使用量逐渐减少。②PE 聚乙烯膜：优点是透光好，耐老化，质地轻，柔软，无毒。缺点是：耐热差，保温差，不易粘接。可制作各种棚膜和地膜，是当前主要的农膜品种。③EVA 乙烯-醋酸乙烯膜：优点是超强的透光率达 92%以上，持续流滴期达 4~6 个月，超强抗老化达 18 个月以上，并具有优良的保温和防尘功能。是当前使用量较多的一种棚膜。④PO 聚烯烃膜：第一，聚烯烃材料防静电，原料中不添加析出物，不粘尘，透明度高，升温快。第二，掺入保温剂，阻挡红外线向棚外辐射，保温效果好。第三，消雾流滴剂喷涂后烘干处理，使消雾流滴期与棚膜寿命同步。第四，聚烯烃材料四层结构，极其抗抻拉，抗撕裂。第五，掺入抗氧剂和光稳定剂，使用寿命可达到 3 年以上。

八、黏膜上膜

1. 粘整体棚膜

整体棚膜如果偏大则截去一段，如果偏小则压缝 5 厘米粘上一段。在整体棚膜的北边和棚前沿的拐弯处以下位置，各粘上一道 4 厘米宽的“裤”，“裤”里穿 26 号镀锌钢丝。

2. 粘天窗通风口膜

天窗通风口在棚脊南侧，宽 0.5 米左右。天窗膜宽 2~3 米，与棚等长，其中一边做 4 厘米的“裤”，“裤”内穿 26 号镀锌钢丝。

3. 粘棚前通风口膜

棚前通风口不用专门设置，整体棚膜掀开即可进风，但底风太凉，可在棚内前沿挂缓冲冷风的膜，即棚前通风口膜。棚前通风口膜宽 1 米以上，上边粘上一道4厘米宽的“裤”，“裤”里穿26号镀锌钢丝。

4. 上整体棚膜

选择晴朗、无风、温度较高的天气，于中午上膜。用直径5厘米左右的两根竹竿（即卷膜杆），分别卷起棚膜的两头，再东西同步展开放到棚上，顶部留出0.5米宽的天窗通风口。棚顶和前缘的人员抓住棚膜的边缘拉紧并对准位置，两头的人员抓住卷膜杆向东西两头方向拉紧棚膜，把卷膜杆和26号镀锌钢丝绑于山墙外侧的地锚上。北边的26号镀锌钢丝与拱杆（或拱梁）交叉处用细铁丝绑牢，南边的26号镀锌钢丝拴在棚前沿地锚上。棚前的棚膜多留0.5米左右盖在地面上，并以土压严。

5. 上天窗通风口膜

有裤的一边在南边，盖过整体棚膜30厘米；无裤的一边在北边，盖过棚脊，拉紧后用泥和无纺布把盖过棚脊的一边压住。把卷膜杆和26号镀锌钢丝绑于山墙外侧的地锚上。安装滑轮和拉绳，人在棚内开关天窗通风口。

6. 上棚前通风口膜

有裤的一边在上边，东西拉紧后，把镀锌钢丝绑在前立柱的中上部。

九、增光保温设计

1. 反光膜

后墙张挂反光膜可以增强棚内光照。

2. 地膜

高垄栽植，地膜覆盖，膜下浇水。作用是：第一，提高地温，促进发根，生长健壮；第二，土壤保湿，减少浇水，防止烂根；第三，棚内干燥无雾，消除真细菌病害。

3. 横挂膜

空中横挂抻拉力强于地膜的特制转气膜（该技术为唐永生先生所创），把棚内空间分为上下两层。作用是：第一，削弱空气对流，保持棚温恒定；第二，雾滴落于隔膜之上，植株不见雾滴，消除真细菌病害。

4. 卷苫膜

废旧薄膜缝在草苫内层。作用是：第一，保持夜温；第二，防止棚膜扎破。

5. 浮膜

旧薄膜盖于草苫或保温被之上。作用是：第一，保持夜温；第二，防止雨雪淋湿草苫。

6. 草苫（或保温被）

①草苫：草苫长度比棚面长1米，草苫宽度1.5米为宜，草苫厚度3~5厘

米，越寒冷地区越厚。冬季西北风地区，草苫从东向西覆瓦式覆盖，即西边草苫压住东边草苫20厘米。人拉草苫时每床草苫底面拴放上两根拉绳。机卷草苫时每床草苫两边用细钢丝加固。草苫的优点是保温好、价格低。缺点是笨重、不防水、污染薄膜。②针刺毡保温被：旧布线压制即成针刺毡，以针刺毡和无纺布作芯，上下表面附以帆布、牛津布、涤纶布等防水保护层。优点是保温好、易卷放、价格适中、不污染薄膜、寿命较长。缺点是针眼处向里渗水，水汽很难再通过针眼排出，针刺毡淋湿沉重，受潮发霉，卷帘机挤压导致密实，卷帘机拉拽导致厚度不均。③发泡聚乙烯保温被：聚乙烯发泡材料作芯，上下表面附以涤纶布等制成。因为泡间无空隙、泡内空气静止、互不连通，所以保温好、不吸水、不受潮、重量轻、卷放省力，可采用小功率卷帘机。因为重量轻易被风掀起，所以须配置压被线。另外，发泡聚乙烯保温被价格高。

7. 防寒沟

棚前挖沟，填入泡沫等隔热材料，隔绝地温传导。

8. 缓冲房

山墙上对准棚内小路打孔洞，高1.9米、宽0.9米。孔洞外建缓冲房，防止冷空气直接进入棚内。如果缓冲房较大，可以居住或作为工具室。

十、卷帘机安装

1. 卷帘机种类

生产上主要有下列两种。

①后墙固定式卷帘机：也叫外卷式、后拉式、拉线式、牵引式等。由主机、卷杆和支柱三部分组成。工作原理是主机转动卷杆，卷杆缠绕拉绳，拉绳拉动将草苫或保温被卷起；放落草苫或保温被时，利用其自身重量沿棚面坡度滑落而下。

优点是：省工省时，安装简便，造价低。缺点是：第一人身安全隐患较大；第二拉绳受力不均，松紧不一；第三支柱埋在后墙，雨水浸湿易坍塌；第四棚面坡度较陡的高窄大棚，才能自行放落草苫或保温被，棚体造价高。

②棚面自走式卷帘机：也叫内卷式、前屈伸臂式、中置双悬臂式。由主机、支撑杆、卷杆三大部分组成。又根据该大棚卷帘机支撑杆的不同，分为支架式和轨道式，前者的支撑杆由立杆和撑杆两部分组成，后者的支撑杆由加固三角架组成的轨道式滑杆组成。工作原理是通过主机转动卷杆，卷杆内卷将草苫或保温被卷起；放落草苫或保温被时，也靠动力支持。

优点是：第一省工省时；第二安全可靠；第三安装拆卸方便；第四电磁刹车，断电无刹车隐患。缺点是：内卷缩短草苫（或保温被）的寿命。

2. 卷帘机的安装

①棚长60米左右安装1台小功率卷帘机，棚长90米左右安装1台大功率卷帘机，棚长100~140米安装2台小功率卷帘机。②棚体有足够的承载力。③大棚的东西高度对称。④放风口设计合理，不能被草苫（或保温被）压住。⑤草苫厚度长短一致，卷动不跑偏。⑥拉绳统一标准，长度一致。⑦根据大棚的长度、草苫（或保温被）的重量以及雨雪增重选择机型。⑧电源严禁露天安装，以防雨淋。

十一、路渠设计与棚体保护

棚内建造蓄水池，从池内抽水浇灌。
靠路建水渠，每间都安装出水管。也可安装滴灌或微喷。
小路高出棚内地面0.5米，路北贴水泥板以防土壤塌陷。

第四节　拱棚建造技术

一、拱棚基本要求

棚内不积水。适当抬高地面和排水沟。
土地高利用。充分利用棚内土地、多茬多种。
光能高利用。必要时和有条件时加补光照。
升温速度快。朝向好，升温快。
降温速度快。应能及时通风、放风。
保温性能好。极端天气降温时要有良好保温设施。
抗风抗雨雪。避免雨雪压坏拱棚，或漏风、漏雨。
便于机械化。拱棚内不太窄，分割不严重，有利机械作业。
大棚造价低。质量要好，价格合理，易采购。

二、棚基设计

1. 大棚选址

①拱棚能越冬生产的南方最好，拱棚虽然不能越冬生产但早春晚秋能生产的北方也行，拱棚在早春晚秋也不能生产的严寒地区不行。②棚内地面不能积水，棚外雨水不能向棚内倒灌，棚区排水系统完整。③棚体与东、西、南三面的树木及建筑物的距离为树木及建筑物高度的2倍以上。④山区丘陵要避风，洼地要通风。⑤连片集中。

2. 棚体座向

南北方向最好，也可根据地形调整。

3. 棚间距离

不上草苫（或保温被）的拱棚间距1米左右，上草苫（或保温被）的拱棚间距2米以上。

三、棚墙设计

适于上草苫（或保温被）的拱棚，在拱棚两头造墙，与拱棚横截面形状一样，土墙和砖墙皆可。

四、棚面设计

1. 棚体长度

只要能够便于生产，棚体越长保温性能越好。

2. 棚体宽度

高度和倾角：棚宽小于10米保温效果很差，棚体加宽则怕雨雪，棚体加高不抗风而且造价高。如何解决：①棚宽不宜小于10米，不宜大于25米；②单体拱棚的边柱高1.4米左右，连体拱棚的边柱高2米以上；③棚脊高度为棚宽的1/4.5，但最低2.5米，最高5米左右；④棚面的边沿倾角加大，棚面的整个上部按抛物线造成拱圆形。

3. 纵横杆

安置纵横杆加固棚体，为直径3厘米、厚2.5毫米以上的镀锌钢管。

纵杆2根，与棚长等长，顺拱棚的方向，绑在拱杆式拱棚两边的矮立柱顶端（或绑在拱梁式拱棚的拱梁拐弯处）。如果拱棚上卷帘机，那么棚顶再多绑1~2根纵杆。

横杆数目与每个拱棚的拱杆（或拱梁）数目相同，与棚宽等长，与棚垂直，两头绑在拱杆式拱棚两边的矮立柱顶端（或绑在拱梁式拱棚的拱梁拐弯处，或连体拱棚地上1.8米处），与棚内其他立柱交叉处也绑紧。

4. 拱杆（或拱梁）

拱杆适于种植地面有立柱的拱棚，直径为5厘米、厚为2.5毫米以上的镀锌钢管，间距4米，弯成棚面形状，安置在每排立柱顶端的槽口中，并在立柱顶端小孔中穿镀锌铁丝固定拱杆。拱杆两头与地面呈60°角插入地中或焊接在棚两边水泥墩上。

如果拱棚两头没有墙，那么可用粗拱杆代替。粗拱杆直径7厘米左右，厚3毫米以上。为了防止钢丝滑落，在与钢丝相应位置焊接上螺丝帽。

拱梁适于种植地面无立柱（或只有2根立柱）的拱棚，间距1.8米，与棚体断面形状相同，上弦为直径5厘米、厚2.5毫米以上的镀锌钢管，下弦为为直径3厘米、厚2.5毫米以上的镀锌钢管，拉花用12号圆钢。焊接拉花时拱梁两头变窄，焊接在拱棚两边水泥墩上。浇制水泥墩时将三角铁或直径5厘米镀锌钢管固定在里边。拱梁前面折弯处距地面1.4米左右，棚面的边沿倾角60°。拱梁涂防锈漆。

5. 垫杆

垫杆在钢丝之上薄膜之下，作用是防止薄膜流滴被钢丝挡阻，长度等同棚面宽度，间距为60厘米左右。通常采用两根细竹竿连接起来，大头在上，小头朝下。也可采用PVC塑料管，并用12号铁丝绑于钢丝上。

6. 钢丝

钢丝在拱杆或拱梁之上垫杆之下，采用26号镀锌钢丝，棚顶间距为10厘米，棚面间距为20厘米，棚边间距为40厘米。钢丝压过两山墙（顶上放置垫木并埋平）或粗拱杆，用紧线机拉紧钢丝并拴固在拱棚两头的地锚上，钢丝与拱杆（或拱梁）交叉处用1.2毫米镀锌钢丝绑牢，并沿拱杆（或拱梁）相连以防钢丝滑动。

7. 压膜线

压膜线在棚膜之上，用尼龙绳或8号铁丝套上细塑料管作压膜线。压膜线拴在拱棚两边的地锚上，压于两道拱杆或拱梁中间，拉得绷紧，如此则里面往外拱，外面往里压，棚面呈瓦棱形，有利于顺水抗风。

8. 地锚

两山墙外的地锚间距0.5米，拱棚两边的地锚对准压膜线，预先挖沟或挖坑，深1.5米，埋入坠石或2块红砖，并夯实，坠石或2块红砖上拴备接钢丝，备接钢丝露出地面0.5米。

五、立柱设计

1. 立柱制作

大面14厘米，小面12厘米，厚度6.5厘米，内有3.2毫米的冷拔丝5根。安装卷帘机的拱棚，中间的立柱更粗，要求宽18厘米，厚7厘米，内有3.2毫米的冷拔丝6根。

2. 立柱数量

拱杆拱棚在棚内土地中埋立柱，叫有立柱大棚；拱梁拱棚只在棚中间的路边埋立柱，不在棚内土地中埋立柱，叫无立柱大棚。立柱挡光，不便于生产管理，只要能保证棚体载重安全，就应减少立柱数量。立柱在拱杆（或拱梁）之下，东西形成一排。两排立柱间距4米。

3. 立柱安装

立柱下垫基石或红砖，埋入地下 0.5 米。上端打孔以便穿铁丝固定拱杆（或拱梁）。顶部有槽口，以便于安装拱杆（或拱梁）。

4. 各种拱棚的立柱设置

①卷帘拱杆拱棚（图 21）：棚宽 18~25 米，立柱横向间距 2~2.8 米，横向每排立柱中间 2 根等高，中间 2 根立柱的横向间距 1.2 米。棚高为棚宽的 1/4.5，最高 5 米左右，边高 1.4 米。

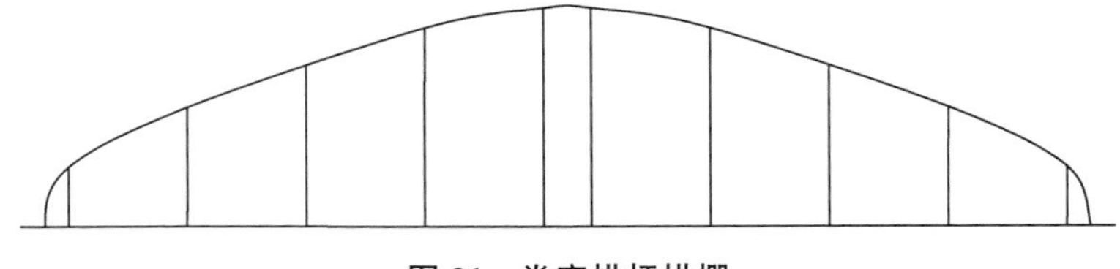

图 21　卷帘拱杆拱棚

②卷帘拱梁拱棚（图 22）：棚宽 18 米左右，最宽 25 米左右，超过 20 米在两个棚面所对应的土地中间，各加 1 根立柱。横向每排立柱中间 2 根等高，中间 2 根立柱的横向间距 1.2 米。棚高 5 米左右，边高 1.4 米。

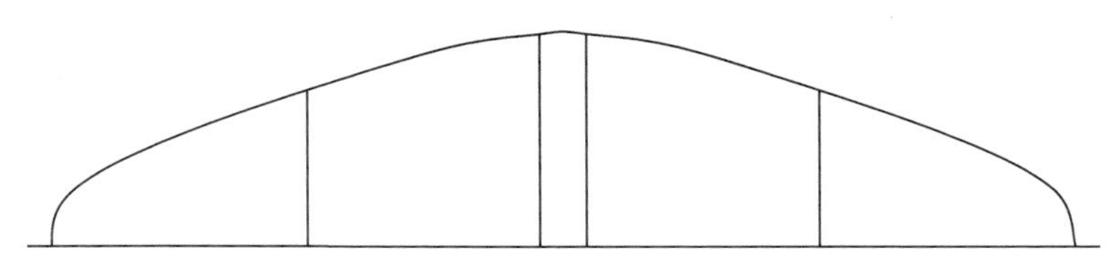

图 22　卷帘拱梁拱棚

③不卷帘拱杆拱棚（图 23）：棚宽 10~25 米，立柱横向间距 2~2.8 米。棚高为棚宽的 1/4.5，但不低于 2.5 米，最高 5 米左右，横向每排立柱中间 1 根最高。边高 1.4 米。

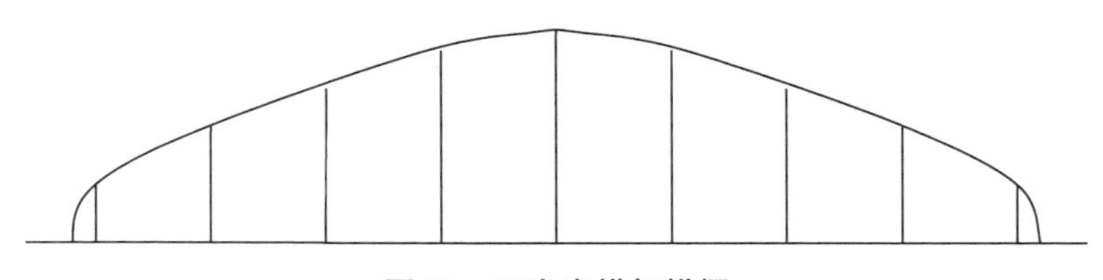

图 23　不卷帘拱杆拱棚

④不卷帘拱梁拱棚（图 24）：棚宽 10~25 米，每架拱梁中间有 1 根立柱支撑，超过 20 米在两个棚面所对应的土地中间，各加 1 根立柱。棚高为棚宽的 1/4.5，但不低于 2.5 米，最高 5 米左右。边高 1.4 米。

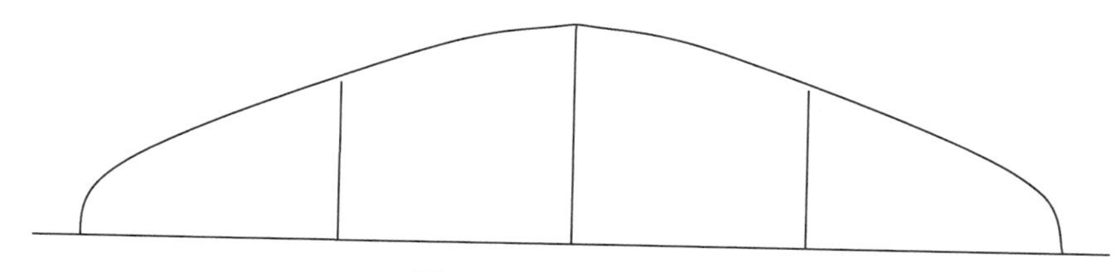

图 24　不卷帘拱梁拱棚

⑤连体拱棚（图 25）：由单个南北方向的小拱棚连接而成。长度超过 150 米时纵梁开一断口并套一小段粗管，以缓冲热胀冷缩。整体棚宽无限，单个小拱棚宽 7.2 米左右，因为当今钢管标准长度为 6 米，一根拱梁恰好使用 1.5 根圆钢管，省工省料，而且保证棚面坡度很大，防止积水积雪。

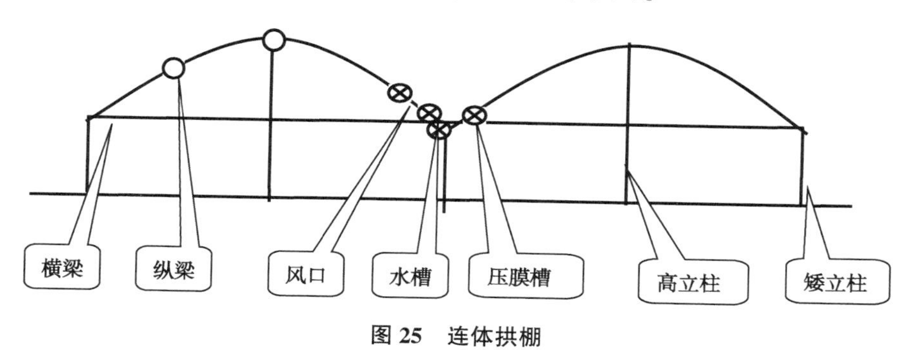

图 25　连体拱棚

南北方向每 4 米设置一排立柱，每个小拱棚由 1 根矮立柱和 1 根高立柱组成。矮立柱使用粗管，地上 2 米，地下水泥墩预埋铁固定。高立柱使用细管，地上 4 米以上，底下只垫一块砖即可。

矮立柱顶端，使用细管作为东西方向的横梁，使用粗方管作为南北方向的纵梁，纵梁上面安置水槽。水槽也可以使用优质无纺布，用压膜槽把棚膜压在上面即成，一是保温好，二是造价低。高立柱的顶端和西棚面，分别使用细管作为南北方向的纵梁。

除了每排立柱顶端安置拱梁之外，棚面上每隔 1 米再加一道拱梁。通风口设置在每个棚面的东面，与水槽相连。

这种连体棚的优点是：第一几乎不浪费土地，第二造价极低，第三极其牢固，第四保温效果好，第五便于机械化生产，第六美观。

六、棚膜选择

如果越冬生产，则按前述冬暖棚的要求选择棚膜。如果不越冬生产，则可以选择价格低的 PE 聚乙烯膜。薄膜类型见冬暖棚建造技术。

七、黏膜上膜

1. 粘整体棚膜

每个拱棚2块整体棚膜，大的一块在棚西面，上边到棚脊，小的一块在棚东面，上边到天窗通风口。整体棚膜如果偏大则截去一段，如果偏小则压缝5厘米粘上一段。在整体棚膜的上边和棚两边拐弯处以下位置，各粘上一道4厘米宽的“裤”，“裤”里穿26号镀锌钢丝。

2. 粘天窗通风口膜

天窗通风口在棚脊东侧，宽0.5米左右。天窗膜宽2米左右，与棚等长，两边都做4厘米的“裤”，“裤”内穿26号镀锌钢丝。

3. 粘棚底通风口膜

棚底通风口不用专门设置，整体棚膜掀开即可进风，但底风太凉，可在棚内边沿挂缓冲冷风的膜，即棚底通风口膜。棚底通风口膜宽1米以上，上边粘上一道4厘米宽的“裤”，“裤”里穿26号镀锌钢丝。

4. 上整体棚膜

选择晴朗、无风、温度较高的天气，于中午上膜。用直径5厘米左右的两根竹竿（即卷膜杆），分别卷起棚膜的两头，再南北同步展开放到棚上，棚脊东侧留出0.5米宽的天窗通风口。棚顶和边缘的人员抓住棚膜的边缘拉紧并对准位置，两头的人员抓住卷膜杆向东西两头方向拉紧棚膜，把卷膜杆和26号镀锌钢丝绑于拱棚两头的地锚上。上边的26号镀锌钢丝与拱杆（或拱梁）交叉处用细铁丝绑牢，下边的26号镀锌钢丝拴在拱棚两边地锚上。拱棚两边的棚膜多留0.5米左右盖在地面上，并以土压严。

5. 上天窗通风口膜

天窗通风口膜的下边盖过整体棚膜30厘米，上边盖过棚脊，拉紧后把卷膜杆和26号镀锌钢丝绑于山墙外侧的地锚上。安装滑轮和拉绳，人在棚内开关天窗通风口。

6. 上前通风口膜

有裤的一边在上边，东西拉紧后，把镀锌钢丝绑在前立柱的中上部。

另外，连体拱棚的每个小拱棚，只有一块整体棚膜，通风口设在两个小拱棚之间。通风口宽50厘米，通风口膜宽60厘米，由整体棚膜的一边相距60厘米粘上两道4厘米宽的“裤”并穿26号镀锌钢丝而成。

八、保温设计

1. 地膜

高垄栽植，地膜覆盖，膜下浇水。作用是：第一，提高地温，促进发根，生长健壮；第二，土壤保湿，减少浇水，防止烂根；第三，棚内干燥无雾，消除真细菌病害。

2. 横挂膜

空中横挂抻拉力强于地膜的特制转气膜，把棚内空间分为上下两层。作用是：第一，削弱空气对流，保持棚温恒定；第二，雾滴落于隔膜之上，植株不见雾滴，消除真细菌病害。

3. 卷苫膜

废旧薄膜缝在草苫内层。作用是：第一，保持夜温；第二，防止棚膜扎破。

4. 浮膜

旧薄膜盖于草苫或保温被之上。作用是：第一，保持夜温；第二，防止雨雪淋湿草苫。

5. 小拱棚

苗期或矮秆植物，可在拱棚内设置小拱棚。

6. 草苫（或保温被）

详见冬暖棚建造技术。

7. 防寒沟

棚两边挖沟，填入泡沫等隔热材料，隔绝地温传导。

8. 风障

拱棚垂直风向设立风障以阻挡冷风。

九、卷帘机安装

拱棚长 60 米左右安装 2 台小功率卷帘机，拱棚长 90 米左右安装 2 台大功率卷帘机，拱棚长 100～140 米安装 4 台小功率卷帘机。拱棚的草苫（或保温被）不能都堆在棚顶，早上左边拉起右边落下，傍晚右边拉起左边落下。其余安装技术，详见冬暖棚建造技术。

第五节　育苗技术

一、育苗的意义与壮苗标准

1. 育苗的意义

便于茬口安排与衔接，节约用种量，保证苗全苗壮，增强群体抗逆性，提早收获，有利于区域化商品生产。

2. 壮苗标准

农谚有“苗好收一半”之说，说明培育壮苗的重要。壮苗标准大致如下：高

度适中，大小整齐，茎粗短，节紧凑，叶大而厚，叶色浓绿，子叶和叶片不变黄脱落，不徒长也不老化。根白色，多而粗壮。无病虫害，无损伤。叶菜类要叶片丛生，叶面有蜡粉。瓜菜类要现蕾早，花果节位低，出现第一朵花蕾但尚未开放。

二、种子育苗

1. 确定播种期

播种期依据定植期而定，定植期依据收获期而定。有的蔬菜须先经苗床播种育苗，然后再定植移栽，从播种到定植前的天数即为育苗期，适于多数瓜类、茄子、番茄、椒类、甘蓝、菜花、芹菜、韭菜、韭葱等；有的蔬菜不必育苗而直接播种，代替移栽定植，如菠菜、油菜、生菜、莴苣、茼蒿、蕹菜、茴香、四季萝卜、胡萝卜、马铃薯等；有的蔬菜既可以育苗，也可以直播，如菜豆、豇豆、荷兰豆、包球生菜、大叶油菜等（表7）。

表7 播种到定植和定植到收获的天数（△为直播不移栽） （天）

蔬菜种类		盛夏初秋定植前的天数	仲秋晚秋定植前的天数	冬季定植前的天数	春季定植前的天数	初夏定植前的天数	定植到收获的天数
类	种						
瓜类	黄瓜	△	20~30	30~50	50~60	20~30	30~40
	南瓜 西葫芦	△	20~30	30~50	40~60	20~30	50~60
	瓠瓜	△	20~30	30~50	40~60	20~30	
	葫芦	△	20~30	30~50	40~60	20~30	
	冬瓜	30左右	30~40	60左右	60左右	50左右	冬瓜50~70 节瓜30~40
	丝瓜	△	25~35	30~40	40~60	25~35	50~80
	苦瓜	△	△	20~30	30~40	△	100~120
	西瓜	40~50	40~50	40~50	50~60	50~60	40~70
	甜瓜		30左右	30~35	35~40	20~30	70~80
	佛手瓜			催芽25天直播	催芽25天直播		210~230
茄果类	番茄	25~30	30~50	50~70	70~90	50左右	40~90
	茄子	35~50	50~60	60~70	80~100	30~40	50~60
	椒类		50~60	60~70	80~100	60左右	50~80
	人参果		播种60 或扦插30	播种60 或扦插30	播种70 或扦插40		120~150
	马铃薯	催芽后于初秋直播			催芽后于早春直播		60~120
豆科类	豇豆	△	△	20或△	20或△	△	直播50~70
	菜豆	△	△	20或△	20或△	△	直播50~70
	扁豆	△	△	△	△	△	直播90~150
	豌豆	春化20~25	春化20~25	春化20~25		直播60~80	

（续表）

蔬菜种类 类	种	盛夏初秋定植前的天数	仲秋晚秋定植前的天数	冬季定植前的天数	春季定植前的天数	初夏定植前的天数	定植到收获的天数
根茎叶花类	甘蓝	40~60	40~60	70~80	70~80	40~60	60~70 露地越冬 130
	菜花	40~60	40~60	70~80	70~80	40~60	50~80
	白菜	伏型△	冬型△		伏型△	伏型△	直播 35~90
	萝卜	伏型△	冬型△	△	伏型△	伏型△	直播 40~80
	莴苣	30~40	30~40	30~40	40~50	30~40	60~70
	球生菜	25~35	25~35	25~35	25~35	25~35	50~60
	油菜	△	△	△	△	△	50~70
	菠菜	伏型△	冬型△	冬型△	伏型△	伏型△	
	芹菜	50~60	60~70	60~70	60~70	50~60	60~40
	芫荽		△	△			70
	茼蒿	△	△	△	△	△	25
	球茴香	40~50	40~50	40~50	40~50	40~50	65~75
	蕹菜	△	△	△	△	△	直播 30~40
	韭菜	90 左右	90 左右				
	韭葱	80~90	80~90	80~90			150 左右
	香椿		春播种或插根育苗，11 月入棚				

2. 准备苗床

①普通苗床：取非重茬田园土 6 份，腐熟好的骡马粪或圈肥 4 份，捣碎过筛，配成主料。每立方米主料加入 16~8~16 优质复合肥 1 千克，50%的恶霉灵、50%的福美双和 72.2%的普力克各 15~20 克，混合均匀，并以少量水淋湿，用薄膜封严 2~3 天，撤膜后待药味散尽即可使用。②穴盘苗床：以草炭、蛭石等轻质材料为苗床基质，以穴盘为育苗容器，每穴盘一株苗。优点是运输过程不散土，苗木定植不伤根，没有缓苗期，而且育苗集中，每亩出苗 18 万~72 万株。③电热苗床：寒冷季节，为了提高床温，缩短育苗天数，可在苗床下铺设专用电热线，即成电热苗床。

3. 种子消毒

①晾晒消毒：耐光照的种子可用此法，在阳光下晾晒可杀灭种子表面的病菌。②干热消毒：耐干热的种子可用此法，如茄、瓜类。放置于干燥箱中，可杀灭种子上的病毒。③热水消毒：易吸水的种子，用 55℃温水浸种 10~15 分钟，然后降温继续浸种，喜凉蔬菜类降为 20~22℃，喜温蔬菜类降为 25~30℃。难吸水的种子，先将种子浸入冷水中，再用 80~90℃热水慢慢倒入冷水中，使水温达 70~75℃，保持 1~2 分钟，再倒入一些冷水，保持在 20~30℃的水温中浸种。④

药剂浸种消毒：先用清水浸泡种子2~3小时，用药剂浸种后立即用清水将种子清洗干净，杀病毒用10%的磷酸三钠（或1%的高锰酸钾）浸种20分钟。杀细菌用100万单位链霉素500倍（或100万单位氯霉素500倍）浸种60分钟。杀真菌用50%的恶霉灵、50%的福美双和72.2%的普力克各1/3，500倍浸种30~60分钟。⑤药剂拌种消毒：50%的恶霉灵、50%的福美双和72.2%的普力克各1/3，按种子干重的0.3%与干种子装入瓶中掺和并摇匀，然后直接播种，不宜再浸种，否则无效。

4. 种子活化

①低温活化：将萌动但没有发芽的种子，放到0~2℃的环境中1~2天，取出恢复常温，再做催芽处理。②变温活化：将萌动但没有发芽的种子，放到0~2℃的环境中12~18小时，再放到18~22℃的环境中12~16小时，再放到0~2℃的环境中，再恢复常温，反复进行，直至出芽。③药物活化：用生物菌、赤霉素、6-苄基腺嘌呤、复硝酚钠、氨基酸、硼砂、硫酸锌、钼酸铵等药剂处理种子，能打破种子休眠，促进种子萌发，并促使菜苗快速生长。

5. 种子催芽

种子催芽有利于快速萌发生长，整齐一致。不同的种子催芽的方式也不一样（表8），大致有如下几种方式。

表8 各种蔬菜催芽条件

蔬菜种类		催芽方式	浸水温度（℃）	浸水时间（小时）	催芽温度（℃）	出芽时间（天）
类	种					
瓜类	黄瓜	纱布包裹	25	6	25	1~2
	西葫芦	纱布包裹	30	8~12	28~30	1~2
	瓠瓜	纱布包裹	30	8~12	28~30	2~4
	葫芦	纱布包裹	30	8~12	28~30	2~4
	冬瓜	纱布包裹	30	10~12	28~30	3~5
	丝瓜	纱布包裹	30	3~4	28~32	2~4
	苦瓜	纱布包裹	30~35	8~10	30~35	2~3
	西瓜	纱布包裹	35	3~5	30~32	2~3
	甜瓜	纱布包裹	25~30	4~5	28~30	2~3
	佛手瓜	袋装		15~20	20~25	
茄果类	番茄	纱布包裹	25~30	4~6	25~30	2~3
	茄子	纱布包裹	25~30	6~8	28~30	3~4
	椒类	纱布包裹	30	6~8	28~30	2~3
	人参果	纱布包裹	20~25	3~6	20~25	2~3
	马铃薯	阴凉		20左右		

（续表）

蔬菜种类 类	种	催芽方式	浸水温度（℃）	浸水时间（小时）	催芽温度（℃）	出芽时间（天）
豆科类	豇豆	湿土	25~30	6~8	25~30	2~3
	菜豆	湿土	25~30	6~8	20~25	2~3
	扁豆	湿土	25~30	12	20~25	2~3
	豌豆	湿土	20~25	8~12	18~25	2~3
根茎叶花类	甘蓝	纱布包裹	20	1	20~25	1
	菜花	纱布包裹	20	1	20~25	1
	莴苣	纱布包裹	20	3~4	20	2~3
	菠菜	地坑	凉水	12~24	地温	3~5
	芹菜	地坑	15~20	12~24	地温	7
	芫荽	地坑	15~20	12~24	地温	7
	香椿	纱布包裹	20~25	10~12	20~25	3
	韭菜	纱布包裹	15~20	8~12	15~20	3~4

①纱布包裹催芽法：适于小粒种子。经消毒、活化的种子（有的种子不必活化），用高温消毒的干净纱布包裹，在温水中浸泡至种子吸足水（但不可长时间浸泡，否则缺氧抑制发芽），然后放置于适宜温度条件下催芽。催芽期间，每天用清水淘洗并翻动一次，保证充足的水和氧气。硬壳种子如无籽西瓜，浸泡并破壳后再催芽。待种子有60%~70%芽尖露白时即可播种，过早则出苗不齐，过晚则不利于播种出苗。催芽后的种子，如果遇不好的天气，可将种子摊开，上盖湿布，置于10~15℃的条件下抑制发芽，但天气好转立即播种。②湿土催芽法：适于豆类蔬菜。在通风透光处整平地面，下铺薄膜，膜上撒5~6厘米厚的细湿土（淋湿为度，不可过湿，以防烂种），然后将消毒、活化并浸泡过的种子均匀撒于土上，每平方米撒种子1.5千克。在种子上面盖细湿润土1厘米，最后盖地膜，在适温条件下催芽。当胚根生出后直播或营养钵育苗。因豆类根的再生能力差，不宜普通苗床育苗移栽。③地坑催芽法：适于发芽慢的芹菜和芫荽种子。经消毒、活化、浸泡过的种子装入湿布袋内，每袋装0.5千克。然后放入地坑中催芽。高温季节在阴凉处挖坑，寒冷季节在棚内挖坑。坑深30~40厘米，长宽各25~35厘米，底铺一层6~7厘米厚的麦草，将种袋放于坑中，上盖一层细软草，用薄膜盖严坑口，薄膜上盖草遮阴。每天将种子取出用10~20℃温水淘洗一次。④装袋催芽法：适于佛手瓜。经消毒的种瓜装入塑料袋中，放到15~20℃的条件下，经15~20天，瓜顶裂口并生出多条根时直播。⑤阴晾催芽法：适于马铃薯。经消毒、活化的马铃薯种块置于18~20℃的遮阴处，通风条件下阴晾催芽，发芽10厘米左右时直播，分级分批直播。

6. 种子春化的利用与消除

长日照植物，发芽生长后，经过一定时间的低温和长日照才能正常结实。而短日照植物，发芽生长后，须经过一定时间的高温和短日照才能正常结实，此即为春化。

①春化的利用：适于豌豆等收实蔬菜。豌豆为典型的长日照植物，反季节栽植应完成其春化过程才能正常结实。方法是：第一，高温季节播种之前，将浸泡催芽的种子置于冰箱或冷库内，在0~5℃的低温下，经过10~15天，即可通过春化，然后播种。第二，冷凉季节播种后，棚内降温处理，白天5~8℃，夜间0~5℃，连续10多天即可通过春化。②春化的消除：适于芹菜、芫荽、白菜、萝卜、菠菜等茎叶蔬菜。这类蔬菜也是典型的长日照植物，应消除其春化过程才不至于开花结籽。方法是：第一，避开春化时期。例如芹菜、芫荽的幼苗在2~5℃低温下，经过15天即完成春化，因此芹菜和芫荽的春播时间要推迟，直到避开低温季节播种。再如白菜和萝卜的幼苗在15℃以下，经过10~15天即完成春化而开花，所以白菜和萝卜的春播时间更要向后推迟，但越推迟光照时数越长，同样会促使春化。而菠菜在29℃以下，只要满足长日照，短时间内即可通过春化而开花。所以白菜、萝卜、菠菜推迟春播日期很难消除春化。第二，选择不易春化的品种，此类品种对长日照不敏感，适于夏季高温季节，即耐高温品种，表现了在夏伏期不抽薹不开花，能够正常收获商品菜。

7. 播种

①播种量：正常播种量（表9）。如果种子发芽率较低，质量较差，可适当增加播种量。②做床：在大棚中部温、光条件较好的地方做畦，畦宽1~1.5米，畦埂高15厘米，装入床土，充分暴晒，耧平后镇压。用营养钵点播时，钵内装满土摆放在苗床上。③灌水：播种前苗床灌水，使8~10厘米的土层含水量达到饱和。灌水量少，易“吊干芽子”。灌水后，苗床上撒一层床土或药土。④播种：瓜类种子常用点播。其他小粒种子多采用撒播，在种子中掺细沙或细土，撒二遍种子。⑤覆土覆膜：播种后立即覆土，覆土厚度为种子厚度的3~5倍。覆土后立即覆膜，当膜下水滴多时，取下地膜抖掉水滴再覆上，发芽拱土时撤地膜。

表9 各种蔬菜播种量

蔬菜种类	千粒重（克）	播种量（克）	播种床面积（平方米）	分苗床面积（平方米）
黄瓜	22~42	125~150	40	~
西葫芦	100~200	400~500	22	~
西瓜	40~60	150~300	15	~
厚皮甜瓜	30~80	80~200	30	~

（续表）

蔬菜种类	千粒重（克）	播种量（克）	播种床面积（平方米）	分苗床面积（平方米）
茄子	3.2~5.3	40~50	3~5	30
番茄	2.8~3.3	40~50	5~6	40~50
辣椒	4.5~8	120~150	5~6	30~40
甘蓝	3.3~4.5	25~50	3~5	30~40
花椰菜	2.5~4.0	25~50	3~5	40
绿菜花	2.5~4.0	25~30	3~5	40
芹菜	0.4~0.5	150~200	60~70	~
莴苣	1.1~1.5	15~25	5~6	20~25
结球生菜	1.1~1.5	20~30	8~10	25~30
宽帮油菜	1.5~2.2	200~600	70~80	~
韭菜	4~6	4 000~6 000	600~660	~
韭葱	2.8	2 000~3 000	60~80	~
豇豆	80~120	800~1 000	20~25	~
菜豆（矮）	500	4 000~6 000	30~40	~
菜豆（蔓）	180	2 000~3 000	20~25	~
苦瓜	150~180	300~500	20~30	~
丝瓜	100	100~120	20~25	~

8. 苗期管理

①护苗：幼苗顶土和齐苗时，床面撒少量潮细土，以免种子戴帽出土，并有利于发根。增强光照，控制较低的温度，以防止胚轴徒长。喜温果菜类白天为25~26℃，夜间为10~15℃，耐寒菜类白天为20℃，夜间为9~10℃。②分苗：瓜类苗大分苗要早或不分苗，茄果类苗小分苗较迟，但也要在3~4片真叶前分完。分苗株行距一般为8~10厘米。分苗后提高温度为2~3℃，缓苗后转入常温管理。早揭苫晚放苫以增强光照，缺水时及时补充，但不可浇水过量。避免地皮湿，地下干的假象，尤其营养钵育苗。一般不施肥，可以喷施叶肥或激素以促进生长。③炼苗：定植前5~7天，逐步加大通风量，降温排湿，特别是降低夜温，但要注意防冻。也可采取囤苗法炼苗，方法是定植前10天左右浇一次大水，第二天按株距割坨，并把苗坨拉开点距离晒坨，晒到坨表发白时向坨缝中及坨表面撒潮细土保湿，与此同时降温排湿。炼苗移栽后缓苗快，有利于生长发育。

9. 苗期问题解决

①土面板结：营养土要疏松。用洒水壶一次浇足，不要来回多次洒水，不能泼浇。②肥害：使用腐熟的有机肥，氮、磷、钾肥合理搭配而且搅拌均匀，根外追肥浓度不要过大。一旦发生肥害，应立即喷水并通风。③药害：喷药浓度要适

当，搅拌均匀，雾点细匀。如发现浓度过大，应立即喷清水。④草害：堆制营养土消灭草种，发生杂草及时拔除或喷除草剂。⑤冻害：注意保温，低温锻炼，增强光照。⑥沤根：床土疏松色深，有利于提温促根；控制浇水；及时移苗，防止过度拥挤。猝倒病和立枯病防治详见第三章。⑦出苗不齐：第一，床土消毒，以免种子染病；第二，床面要整平，覆土要均匀；第三，种子要籽粒饱满，不用陈种子；第四，种子要撒均匀，防止种子随水流动；第五，温度和湿度要适宜，防止干湿不均，以免种芽枯萎或腐烂；第六，用毒饵毒杀地下害虫，如用晶体敌百虫 250 克/亩，对水 60~75 千克，喷在 300 千克炒过的棉籽饼上，傍晚撒在幼苗附近诱杀小地老虎、蝼蛄、蛴螬等地下害虫。⑧戴帽：第一，淘汰干瘪种子；第二，保持土壤湿润；第三，播种后覆盖足够厚度的疏松营养土；第四，出现幼苗戴帽时，可在早期少量洒水，于苗床内湿度较高、种皮较软时，把种皮轻轻除去。⑨高脚徒长：第一，播种密度不宜太大，30%出苗后拆除地面覆盖物，以保光照充足；第二，控制温、湿度；第三，少施氮肥；第四，药剂控制徒长，如秋黄瓜四叶期喷 0.01%多效唑防徒长；第五，及时间苗、分苗和定植；第六，发现高脚苗撒土，以防秧苗倒伏。⑩老化苗：第一，控温不控水；第二，喷施 10~30 毫克/升的赤霉素，1 周后可逐渐恢复。

三、嫁接育苗

1. 嫁接苗的优点

嫁接苗既保持了品种的优良性状，又发挥了砧木的抗病、抗虫、抗寒、抗热、抗旱、抗涝以及根系发达长势壮的特性。

2. 适宜嫁接的蔬菜种类和砧木

黄瓜和西葫芦的南瓜砧木有黑籽、新土佐、壮士、南砧 1 号和 90-1 等；苦瓜的南瓜砧木有壮士和共荣；丝瓜的砧木有黑籽南瓜和双依丝瓜等；西瓜和甜瓜的南瓜砧木有黑籽、超丰、仁武、勇士、壮士、永康、新土佐，也可用瓠瓜；茄子砧木有赤茄、刺茄、托鲁巴姆、VF 等。

3. 嫁接方法

①瓜类靠接法：因为品种比砧木长得慢，所以品种要比砧木早播种 3~5 天。品种和砧木要多浇水并提高夜间温度，促使下胚轴伸长超过 7~8 厘米，以增高嫁接部位，防止接口接触土壤而染病。为促进下胚轴伸长，砧木种子可以密播，以利拔高。当砧木第一片真叶半开展，品种刚见真叶时，把品种和砧木从苗床取出，挖掉砧木真叶，用刀片在子叶下 0.5~1 厘米处，按 35°~40°角向下斜切一刀，深度为粗度的1/2；再在品种子叶下 1.2~1.5 厘米处向上斜切一刀，角度为 30°左右，深度为粗度的 3/5。把二个切口互相嵌入，使黄瓜子叶压在南瓜子叶上

面，二者子叶呈十字形交叉为好。用嫁接夹固定，也可用塑膜条包住切口，用曲别针固定。②瓜类插接法：因插接要求品种小砧木大，所以砧木要比品种早播种3~4天。挖掉砧木真叶，用与品种下胚轴粗细相同的竹签，从砧木右侧子叶的主脉向另一侧子叶方向朝下斜插0.5~0.7厘米深，但不插破砧木下胚轴表皮。在品种子叶下0.8~1厘米处斜切2/3，切口长0.5厘米左右，再从另一面下刀，把下胚轴切成楔形，拔出竹签插入品种即成。③茄类靠接法：选无刺或少刺砧木，如托鲁巴姆、野茄2号等。因托鲁巴姆发芽较慢，所以砧木比品种要早40~50天催芽，早20~30天播种。其他砧木比品种提早4~5天播种。砧木3~4片真叶，品种2~3片真叶时嫁接。砧木去生长点后，在顶部第1~2片真叶下胚轴上切口，其余方法参照瓜类靠接。④茄类劈接法：有刺砧木用靠接法不方便，可采用劈接法。砧木比品种播种更早一些。砧木5~6片真叶，品种2~3片真叶时嫁接。砧木在3片真叶处平切，或不留真叶。沿中轴向下切0.8~1厘米深，品种在第2片真叶处切断，切口削成楔形，插入砧木切口中，并加以固定。

4. 接后管理

嫁接后立即栽到苗床里，并扣小拱棚。提高温度和湿度，前3天白天为25~30℃，夜间为17~22℃，相对湿度95%以上；4~8天逐渐降温降湿，白天为22~25℃，相对湿度为70~80%。这8天内上午10：00到下午2：00适当遮光。8天后去掉小拱棚，转入正常管理。嫁接后10~12天切断品种根，断根前一天用手捏下胚轴，破坏其维管束，以使断根后生长不受影响，千万不可误断砧木根，因此栽苗时要方向一致。

四、分株与扦插育苗

1. 分株育苗

①佛手瓜分株育苗：佛手瓜的宿生块根易发生萌蘖，待萌蘖长出次生根时即可挖出定植。因为萌蘖苗提前经历高温短日照，花芽分化的又早又多，所以其植株可于4—6月和9—10月结果，易获高产，而且保持了母本的优良性状。

②香椿分株育苗：香椿的断根也易发生萌蘖，因此可于初冬土壤结冰之前或早春土壤刚解冻之后，在香椿树下离树干70~100厘米处挖50~60厘米深的沟，将根铲断，沟内施入有机肥，然后填平并浇水，4—5月即可由断根处生出大量萌蘖。但香椿萌蘖当年的根系不健全，所以可将萌蘖挖出集中培育，次年再作苗木。

2. 扦插育苗

①人参果插枝育苗：选择健壮的枝条，剪成10~15厘米长的枝段，用生根

粉处理下端伤口，按株距 5 厘米，行距 7~10 厘米，带叶斜插于苗床上，入土深度为 3~4 厘米。扦插后每 10 天左右浇一次水，5~7 天即可生根，30~40 天即可移栽定植。冬季可在棚内扦插，冬季冷凉季节可支小拱棚保温。扦插的适宜温度是 13~25℃。②香椿插根育苗：选择直径为 0.5~1 厘米粗的健壮香椿根，剪成 15~18 厘米的根段，上剪口要平，下剪口要斜，按粗细分级后，斜插入大田苗圃中，深度以上端入土 2 厘米为宜，株距 17 厘米，行距 43 厘米。插完后盖地膜保湿，当萌芽长到 5 厘米时膜上打孔让苗长出，并于孔处撒土保温保湿。苗高 10 厘米时开始浇水施肥。③香椿插枝育苗法：秋季母树落叶后，选健壮枝条，剪成 15~20 厘米长的枝段，上剪口要平，下剪口要斜，上剪口距芽 1.5~2 厘米。然后每 50~100 根一捆，下端放齐，用生根粉蘸下剪口，然后竖埋于沙中，待翌年早春土壤解冻后插于大田苗圃中，扦插方法与插根育苗法相同。

第六节　栽植技术

一、移栽苗龄

衡量移栽苗龄以秧苗大小、叶片数量、现蕾和开花等为主，并兼顾生长天数（表 10）。

表 10　移栽苗龄

蔬菜种类	栽培茬口	苗龄				苗期（天）
		叶片数	茎粗（厘米）	株高（厘米）	现蕾情况	
黄瓜	秋冬茬	2~3			~	20~30
	越冬茬	3		10~13	~	30~40
	冬春茬	5~6	0.6~0.7	16~17	见雌花	45~55（嫁接苗 50~60）
西葫芦	秋冬茬	3~4	0.5	10~12	~	20~25
	越冬茬	3~4	0.5	10~12		35~40
	冬春茬	3~4	0.5	10~12 ~	处见雌花	35~40（嫁接苗 40~50）
番茄	秋冬茬	4~5		17~20		25~30
	越冬茬	5~7	0.4~0.6	20	现蕾	45~50
	冬春茬	7~9	≥0.5	20~25	现大蕾	70~80
茄子	秋冬茬	5~6			~	35~40
	越冬茬	8~9		18~20	现蕾	60~70
	冬春茬	9~10	≥0.5	18~20	现大蕾	80~100
辣椒	秋冬茬	7~8		18~20	~	30~40
	越冬茬	9~10	0.5~0.7	20~23	现蕾	40~50
	冬春茬	10~12	0.7~0.8	20~25	现大蕾	100~110

（续表）

蔬菜种类	栽培茬口	苗龄				苗期（天）
		叶片数	茎粗(厘米)	株高(厘米)	现蕾情况	
丝瓜	秋冬茬	4	0.3	15	~	40~50
	越冬茬	4	0.3	13~15	~	30
	冬春茬	4		13~15	~	25~30
西瓜	冬春茬	4~5			~	40（嫁接苗45~50）
甜菜	冬春茬	4~5			~	30~35（嫁接苗40）
芹菜	秋冬茬	5~6	0.3~0.5	15~20	~	50~60
结球生菜		4~5			~	30~40
油菜		3~4			~	30~40
结球甘蓝	早春茬	8~10	0.5		~	60
绿菜花	秋冬茬	3~4			~	30~35
	冬春茬	5~6				50~55
菜豆	秋冬茬	3		20	~	18~20（蔓生种） 20~25（矮生种）
豇豆	冬春茬	3~4		20~25	~	30
荷兰豆	冬春茬	4~6		~	30~40	
韭菜	秋冬茬	5~6		20~25	~	70~90
韭葱	秋冬茬	4~5	0.6~0.8	20~25	~	80~90

二、栽植方式

1. 高垄栽植

适于长期菜类，包括大多数瓜类、茄类、番茄类、椒类、蔓性豆科蔬菜以及人参果等。

垄高20厘米以上，垄距60厘米。苗不是栽于垄上，而是栽于垄的一个坡面上半部，并形成宽窄行，宽行80厘米，窄行40厘米。株距分别是：西葫芦50厘米，冬瓜和甜瓜40~50厘米，人参果35~45厘米，丝瓜、茄子和番茄30~40厘米，黄瓜25~28厘米，椒类20~25厘米，蔓性芸豆和豇豆2~3株/穴，穴距20~30厘米。

垄上及窄行间覆盖地膜，膜下浇水，而宽行间不但不浇水，还要经常铧锄以保持地表疏松透气。这种方式的优点是：①土质疏松，地温高，有利于根系生长；②只在垄的一边浇水，而垄的另一边干燥，减轻了烂根病的发生；③因膜下浇水，蒸发量小，而且宽行由干燥疏松的土壤吸附了棚内的水蒸气，所以减轻了地上部病害的发生；④便于行间管理。

2. 变垄栽植

适于苦瓜。苦瓜前期生长缓慢，从播种到采收约需 130~150 天，如果纯作则造成大棚生产的浪费，因此，在这 130~150 天的时间里先与其他作物共生，待进入采收期再拔除共生作物，此即为变垄套作栽植。有两种方式。

①与矮秆蔬菜套作：栽植矮秆蔬菜，但每隔 3.6 米左右在其中一条垄上栽植苦瓜，株距 0.5 米左右，待矮秆蔬菜收获后，搭 3.6 米宽略朝南倾斜的平架，苦瓜在平架上爬蔓生长。②与高秆或蔓性蔬菜套作：栽植高秆或蔓性蔬菜，与此同时，每 3 条垄空着一垄，其余两垄原宽行内侧或原窄行外侧栽植苦瓜，即宽行变窄行，窄行变宽行，大行距 120 厘米，小行距 60 厘米，株距 37 厘米。待共生蔬菜收获后，采取单蔓整枝吊架栽培。

3. 高宽垄栽植

适于多数短期较耐干菜类，包括甘蓝、菜花、苤辣、马铃薯等。

垄距 1~1.2 米，垄顶整平，垄高 20 厘米以上。垄上栽 2 行蔬菜，2 行之间的距离为 45~50 厘米。各种蔬菜的株距一般为 40~50 厘米。

垄上覆盖地膜，垄间沟内浇水。这种栽植方式的优点是：①土质疏松，保温保湿，有利于根系生长；②节约用水。因用水少，减轻了病害的发生。

4. 小垄栽植

适于白菜、萝卜、胡萝卜等蔬菜类。

垄高 10~20 厘米，垄距 60~70 厘米。白菜每垄栽 1 行，株距 37~45 厘米；萝卜每垄栽 2 行，株距 22~55 厘米；胡萝卜每垄栽 2 行，株距 8~10 厘米。

垄上盖地膜，沟内浇半沟水，即可洇湿到垄顶。这种方式的优点是：①土质疏松，有利于根系生长；②有利于提温和降温，加大昼夜温差，适于此类蔬菜的营养积累，提高产量和品质。

5. 条畦栽植

适于矮杆的喜湿菜类，如韭菜、韭葱、芹菜、菠菜、油菜、莴苣、生菜、茴香、蕹菜、茼蒿、矮生豇豆、矮生芸豆、荷兰豆等。

畦宽 1~1.5 米（韭菜 2 米）。各种蔬菜的株行距如下：矮生豇豆穴距 25~30 厘米（2 株/穴），行距 50 厘米；矮生芸豆穴距 25~30 厘米（2 株/穴），行距 35~40 厘米；荷兰豆穴距 15 厘米（3 株/穴），行距 25 厘米；生菜株距 25~30 厘米，行距 40 厘米；莴苣株距 15~20 厘米，行距 25~30 厘米；茴香株距 20~25 厘米，行距 30~40 厘米；西芹株距 25 厘米，行距 30 厘米；油菜株距 15 厘米，行距 25 厘米；落葵株距 15 厘米，行距 20 厘米；蕹菜穴距 18 厘米（2 株/穴），行距 35 厘米；韭菜株距 1.5~2 厘米，行距 30 厘米。香椿挨排于畦内，每平方米 100~130 株。

畦内栽植蔬菜后，可以直接在畦面上大水漫灌，这种栽培方式的优点是浇水方便。

6. 大架面栽植

适于佛手瓜。佛手瓜前期生长期极长，从播种到采收约210~230天，而且爬蔓生长，植株极大，所以必须与其他蔬菜共生很长一段时间。

在距棚前缘1米处挖长坑，只挖1行，坑长宽各1米，深0.6~1米，东西相距5~7米。每坑施入充分腐熟的优质圈肥100~150千克，与土充分混合，填平浇水沉实后即可栽植。待其他共生蔬菜收获后，采取大架面栽培管理。

三、缓苗与蹲苗

1. 缓苗

苗木移栽后的一段时间内生长缓慢，甚至停止生长，管理不当还会死株，这段时间即为缓苗期。

缩短缓苗期的主要措施有：尽可能使用营养钵育苗，将气温严格控制在各类蔬菜最有利于生长发育的适宜温度范围内，冬春季节保持较高的地温，湿度要较大，光照要逐渐增强。

2. 蹲苗

生长期长的菜类，如大多数瓜类、茄类、番茄类、椒类、蔓性豆科菜类以及人参果等，一旦进入收获期，那么叶片的光合作用制造的营养会向生殖生长集中提供，严重削弱根系和枝叶的营养生长，导致株势早衰，产量降低，病害严重，寿命缩短。因此苗木栽植缓苗至收获这段时间内要蹲苗壮株，促进根系发达。

蹲苗的主要措施有：于秧苗旺盛生长期，适当降低夜温，加大昼夜温差，促使营养积累。减少浇水量，使表层土壤稍见干燥，促使根系向深层发展。增强光照，促进光合作用。使用促根药物，促使根系发达。使用控长调节剂类如0.1%的矮壮素、0.02%缩节胺或0.01%的多效唑等控制生长。

四、特殊问题处理

1. 嫁接苗要避免接穗生根

嫁接苗的接穗一旦生根，则失去了嫁接的作用。因此，栽植时嫁接口一定要高出垄面，千万不能接触土壤。

2. 香椿苗的前促后控

前期大肥大水，加速生长。7月中下旬开始，每10天左右向叶底面喷布一次15%的多效唑200~400倍液，连喷2~4次，以控制植株生长，促进营养积累。否则扣棚后会延迟发芽时间并影响产量。

3. 香椿苗打破休眠

香椿无生理休眠期，但满足一定的需冷量能更好地发芽生长，此即所谓打破休眠。而直接提温，则发芽不整齐，甚至死株。

打破休眠的方法是：霜冻来临之前几天，将苗木带完整的根系出圃，去掉叶片，假植于阴凉处的浅沟内，沟深 40~50 厘米，放入苗木后盖土并灌足水，在低温下促其早休眠。到 11 月上中旬，将苗木栽植于棚内，向苗木喷布赤霉素，经常向苗木喷水，保持空气相对湿度在 80%~95%之间，逐渐提温至白天 26~30℃，夜间 12~14℃。如此则发芽整齐一致，16 天发芽 90%以上，26 天即可采收上市。

第七节　改良土壤

一、解决土壤板结

1. 板结的成因

①棚内高温多湿，有利于微生物分解土壤，加速了土壤矿化速度。②连年施用化肥，致使土壤盐化。

2. 板结的危害

以上两个原因导致土壤团粒结构被破坏，保蓄肥水能力降低，透气性变差，地温变低，不利于根系生长。

3. 防止板结的措施

多施有机肥，使土壤有机质含量达到 3%以上，并采取相应措施减轻土壤盐化程度。

二、解决土壤盐化

1. 盐化的成因

主要是因为含氯化肥中的氯离子与土壤中的钠离子结合形成钠盐所致。

2. 盐化的危害

可能：①导致土壤板结，不利于根系生长；②盐分浓度大，作物吸水困难，即使土壤湿润也会发生生理干旱；③影响作物对钙的吸收，发生氯过量中毒。

3. 蔬菜受盐害的表现

叶片小，表面有蜡质及闪光感，严重时叶缘卷曲或叶片下垂，叶色褐变，自下而上脱落。根量少，头齐钝，根系褐变。植株矮小，生长缓慢，甚至枯死。不同菜类受盐害的症状有所不同。

4. 蔬菜耐盐程度

菜豆类最不耐盐，其他豆类、茄果类、白菜、萝卜、大葱、莴苣、胡萝卜等较不耐盐，洋葱、韭菜、大蒜、芹菜、小白菜、茴香、马铃薯、芥菜、蚕豆等较耐盐，石刁柏、菠菜、甘蓝及大多数瓜类耐盐性强。

5. 防止盐化的措施

包括：①不施含氯含钠的化肥；②多施有机肥；③施石膏或粉煤灰；④休闲季节，大水灌溉洗盐后深翻；⑤生长季节，每次浇水要透，并及时锌锄；⑥覆盖地膜，减少水分蒸发，降低盐分上升速度。

三、解决土壤酸化

1. 酸化的成因

连年大量施入含硫酸根和盐酸根等酸性肥料所致。

2. 酸化的危害

包括：①铝、锰、铅等重金属元素在酸性条件下释放出来，导致根系中毒死亡；②铝、锰、铅等重金属元素与钾、钙、镁、钼等元素拮抗，影响根系吸收而发生缺素症；③产生二氧化氮等有害气体，可使作物中毒。

3. 蔬菜适宜的酸碱度（pH 值）

大多数蔬菜适宜的 pH 值范围通常在 6.0~6.8，即在微酸性的土壤中生长发育良好。但不同蔬菜对 pH 值的要求也不同。其中生姜为 5~7；西瓜、落葵和玉米为 5~8；甘蓝、萝卜、胡萝卜、草莓和土豆为 5.5~6.5；菠菜、茼蒿、南瓜和芋头为 5.5~7；黄瓜和冬瓜为 5.5~7.5；白菜、菜花、韭菜、洋葱、莴苣和香椿为 6~6.5；甜瓜、番茄、菜豆和芦笋为 6~7；芹菜和蚕豆为 6~8；茄子、大豆、牛蒡和藕为 6.5~7.5；葱为 7~7.5。

4. 防止酸化的措施

可施用石灰调节 pH 值，同时又增施了钙肥。

四、解决土壤养分失衡

1. 养分失衡的成因

长期单一施用某种或某几种肥料，致使有的元素过剩，有的元素缺乏。近 30 年来养分失衡的主要成因是连年施用的磷酸二铵和 15~15~15 复合肥导致磷过剩，固定了钙、镁、铁、锌、锰、铜等元素。

2. 养分失衡的危害

有可能：①发生元素中毒性生理病害；②发生缺素症生理病害。

3. 防止养分失衡的措施

详见施肥技术。

五、解决土壤毒素聚集

1. 毒素聚集的成因

作物连作重茬产生的废物（即毒素）在土壤中积累。

2. 毒素聚集的危害

影响根系生长，导致地上生长发育不良。

3. 防止毒素聚集的措施

包括：①轮作倒茬；②选择适应性强的品种或采用嫁接苗；③使用生物菌肥以降解毒素。

六、解决土壤病虫害聚集

1. 病虫害聚集的成因

因棚内温度高，湿度大，光线弱，休闲期短，有利于病虫害繁殖，致使病虫害在土壤中聚集。

2. 病虫害聚集的危害

加大了病虫害防治的难度，以致出现病虫害日益严重的恶性循环，尤其土传病虫害，更不易防治。

3. 防止病虫害聚集的措施

详见施肥技术中的重茬障碍。

第八节　植株调控

一、吊蔓

1. 适用植物

适于多数瓜类、番茄、茄子、椒类、豇豆、菜豆、扁豆等。

2. 吊蔓的作用

吊成立体结构，受光面积大，不但高产优质，而且使茎叶远离地面，通风透光良好，减少病虫害的发生。

3. 吊蔓方法

沿行的上方拉一道细铁丝，采用无色塑料吊绳，上端拴在铁丝上，下端拴在植株基部。当秧蔓超过 2 米时落蔓并盘旋于地膜之上，不能让落蔓接触土壤，以免生根或感病。

二、压蔓

1. 适用植物

适于南瓜、冬瓜等不便于吊蔓的大瓜型品种，棚内较少采用。

2. 压蔓的作用

使植株排列整齐，受光良好，便于管理，蔓上形成不定根，吸收更多养分。

3. 压蔓方法

挖浅坑，埋蔓不埋叶，将蔓顺直，整齐压在行间。

三、摘心和抹杈

1. 适用植物

适于瓜类、茄果类等无限生长、易发杈并影响坐果的菜类。

2. 摘心和抹杈的作用

摘心控制主蔓生长，促使侧芽发生。抹杈防止枝蔓繁生，有利于通风透光。摘心和抹杈结合，可控制枝蔓生长，提高坐果率，促进果实发育。

3. 摘心和抹杈的方法

必须留足叶片数量。如果栽植太稀，叶片数量不够，则提早摘心并适当多留或长留侧生枝蔓。如果叶片数足够，那么及时抹杈。

四、打老叶

1. 适用植物

适于各种植物。

2. 打老叶的作用

老叶的光合作用已十分衰弱，制造的少而消耗的多，而且老叶携带病虫害，影响通风透光，因此应及时打掉。

3. 打老叶的方法

用手掰掉叶片，或用剪子剪掉叶片，不能用手掐叶或劈叶，否则易感染病害。老叶打后喷杀菌剂以防染病。打老叶的标准是不能太轻要透光，不能太重要充分利用阳光。

五、疏果

1. 适用植物

适于结果的蔬菜。

2. 疏果的作用

减少营养消耗，以利果实和植株正常生长发育。

3. 疏果的方法

疏除过多的果、畸形果和病果，坐果后及早进行。

六、适时采收

已达到可采程度的商品果实，如果延迟采收，会继续消耗大量营养，影响后期果的发育，降低产量，因此一定要适时采收。

七、使用叶肥和调节剂

1. 生根壮根的

萘乙酸、吲哚乙酸、吲哚丁酸、复硝酚盐、维生素 E、氨基酸、黄腐酸、稀土等以及复配 21 号壮根剂。

2. 壮株高产的

复硝酚盐、6-苄基胺基嘌呤、芸苔素、胺鲜酯、三十烷醇、维生素 E、甲壳胺、海藻酸、氨基酸、锌、钼等以及复配 24 号多功能叶肥。

3. 控长促花的

多效唑、烯效唑、助壮素、矮壮素、比久、乙稀利等以及复配 23 号调控剂。

4. 诱导雌花的

乙烯利等。

5. 提高坐果率

赤霉素、芸苔素、萘乙酸、复硝酚盐、吡效隆、2，4-D、防落素、甲壳胺、维生素、氨基酸、速溶硼、钼酸钠等以及复配 24 号多功能叶肥。

6. 果实膨大的

吡效隆、赤霉素等以及复配 24 号多功能叶肥。

7. 催红增甜的

增甘磷、比久、乙烯利、萘乙酸、及钾、镁、硼、钛、稀土等以及复配 24 号多功能叶肥。

8. 抑制萌芽的

青鲜素、氯苯胺灵等。

9. 促使落叶的

噻苯隆等。

10. 防止冻害的

液体保护膜、复硝酚盐、甲壳胺、海藻酸、芸苔素、氨基酸、硅元素等以及复配物。

11. 解除药害的

复硝酚盐、甲壳胺、芸苔素、胺鲜酯、氨基酸等以及复配 24 号多功能叶肥。

第九节　光照调控

一、蔬菜对光强的要求

蔬菜的光合作用随光照的增强而增强，当达到一定值时，光合作用不再增强，这时的光照度称为光饱和点，超过光饱和点再增强光照则发生生理障碍，抑制生长。蔬菜的光合作用随光照的减弱而减弱，当减弱到一定值时，光合作用制造的营养与呼吸消耗的营养持平，这时的光照度称为光补偿点，低于光补偿点再减弱光照，则生长缓慢，甚至饥饿死株。

按蔬菜对光照度的要求，可分为 3 类（表 11）。

表 11　各种蔬菜的光饱和点及光补偿点　（勒克斯）

类型	蔬菜种类	光饱和点	光补偿点	对光强的反应
喜强光型	西瓜	8 万	0.4 万	此类蔬菜只有在 5 万勒克斯以上的强光下才能正常生长发育
	冬瓜	7 万~8 万	0.3 万	
	番茄	7 万	0.3 万	
	西葫芦	6 万	1 万	
	苦瓜	6 万	0.3 万	
	甜瓜	5 万~6 万	0.4 万	
	黄瓜	5.5 万	0.2 万	
	芜菁	5.5 万	0.4 万	
	人参果	5 万~6 万	0.2 万	
喜中光型	南瓜	4.5 万	0.15 万	此类蔬菜只有在 3~5 万勒克斯的中等光照下才能正常发育
	佛手瓜	4 万~5 万	0.15 万	
	芹菜	4.5 万	0.2 万	
	茄子	4 万	0.2 万	
	白菜	4 万	0.2 万	
	韭菜	4 万	0.12 万	
	豌豆	4 万	0.2 万	
	菜豆	3.5 万	0.15 万	
	甘蓝	3 万~4 万	0.2 万	
	扁豆	3 万~4 万	0.18 万	
	椒	3 万	0.15 万	
	香椿	3 万	0.11 万	
喜弱光型	莴苣	2.5 万	0.18 万	此类蔬菜只有在 3 万勒克斯以下的弱光下才能正常生长发育
	姜	2.5 万	0.05 万	
	草莓	2 万~3 万	0.08 万	
	鸭儿芹	2 万	0.11 万	

二、蔬菜对光质的要求

光质即光谱组成，由波长不同的光组成了太阳光的连续光谱，其中可见光

（400~760纳米）占52%，红外线（大于760纳米）占43%，紫外线（小于400纳米）占5%。红光和红外线促进种子萌发，促进茎的伸长，红光被叶绿素吸收，红外线转变为热能。紫外线抑制作物生长，使秧苗健壮，叶绿素增加，促使成熟，提高蛋白质和维生素的含量，并能杀菌。

可见光包括直射光和散射光，直射光提供了热量来源，而散射光可加强光合作用，散射光的主要成分是蓝紫光。早晨、傍晚、多云或阴天多散射光，因此，只要温度适宜，阴天也应揭草苫见光，否则连阴天转晴突然揭苫则萎蔫甚至死亡。

三、蔬菜对光照时间的要求

光照时间对蔬菜有三方面影响：第一，影响光合作用积累营养；第二，影响棚内热量积累；第三，导致春化作用，使生长和开花结实发生转化。

蔬菜对光照时间的要求分为3种类型，即长日照蔬菜、短日照蔬菜和中性蔬菜。

1. 长日照蔬菜

包括甘蓝、白菜、菜花、萝卜等十字花科蔬菜、葱蒜类、芹菜、菠菜、莴苣、豌豆、蚕豆、朝鲜蓟、胡萝卜等。此类蔬菜日照时间超过12~14小时，就能促使植株营养生长转向开花结果。

2. 短日照蔬菜

包括豇豆、扁豆、大豆、四棱豆、苋菜、蕹菜、茼蒿、草莓、丝瓜、甜玉米等。此类蔬菜日照时间不足12~14小时（实际是满足一定时间的黑暗，而不在于较短的光照时数），就能促使植株营养生长转向开花结果。

3. 中日照蔬菜

包括茄果类蔬菜和大多数瓜类蔬菜以及茭白等。此类蔬菜不论在长日照还是短日照条件下都能开花结果。

四、增光措施

增光有三个作用：第一，在光补偿点之上加强光合作用；第二，调节光照时间，即可调节春化，调节开花期；第三，提高温度。增光措施有：

大棚建造要合理。

扣膜要拉紧拉平无皱折，中午前后扣棚易拉紧。

减少薄膜上的灰尘和水滴。

高秆或蔓性蔬菜采取大小行栽植，并要前低后高。

吊绳要无色透明。

阴天也应揭草苫透过散射光。

五、挡光措施

挡光有三个作用：第一，在光饱和点之下加强光合作用；第二，调节光照时间，即可调节春化，调节开花期；第三，降低温度；第四，生产韭黄和蒜黄。挡光措施有：

1. 覆盖遮阳物

如草苫、苇帘、遮阳网、纱网、无纺布等，可挡光 50%~55%，降温 5℃左右。

2. 用石灰水或泥浆涂于膜上

涂抹 30%~50%时，可挡光 20%~30%，降温 4~6℃。

3. 薄膜面流水

可挡光 25%，降温 4℃左右。

第十节　温度调控

一、蔬菜对气温的要求（表 12）

表 12　不同蔬菜对温度的要求

（℃）

类	种	温度习性	发芽最适温度	前期最适温度	收获期最适温度	白天最高温度	夜间最低温度
瓜类	黄瓜	喜温	28~30	25~28	20~28	35	10~13
	西葫芦	喜温	25~29	20~25	25~28	30	12~15
	冬瓜	喜高温，耐热	25~30	25~28	25~32	37	16
	丝瓜	喜高温，耐热	30~35	25~28	25~32	35	12
	苦瓜	喜温，耐热	30~33	18~25	25~28	33	15
	西瓜	喜高温，耐热	30	5~28	30~35	37	16
	甜瓜	喜高温，耐热	30	25~28	30~35	37	16
	佛手瓜	喜温，耐热，耐冷	18~25	18~25	20~30	40	5~8
茄果类	番茄	喜温	5~28	20~30	25~28	30	15~16
	茄子	喜温，耐热	25~30	22~26	22~30	34	13~15
	椒类	喜温，不耐热和冷	25~30	20~30	25~28	30	15~16
	人参果	喜温，耐凉	20~25	20~25	20~25		
豆科类	豇豆	喜温，较耐热	25~35	20~30	25~28	32	13~15
	菜豆	喜温，不耐霜	20~25	17~23	18~26	30	13~15
	扁豆	喜温，怕冷	20~25	20~28	18~25	28	15
	豌豆	半耐寒，不耐热	18~20	18~20	18~20	25	12~15

（续表）

类	种	温度习性	发芽最适温度	前期最适温度	收获期最适温度	白天最高温度	夜间最低温度
根茎叶花类	甘蓝	喜凉	15~20	18~20	15~20	22	2
	菜花	半耐寒，怕热	20~25	15~20	15~18	22	2
	白菜	半耐寒，怕热	20~25	12~22	12~16	23	2
	萝卜	半耐寒，怕热	20~25	13~20	13~20	20	2
	莴苣	喜冷凉	15~20	18~23	18~23	25	0~2
	油菜	半耐寒，怕热	15~20	18~20	18~20	27	2
	菠菜	耐寒，怕热	15~20	20~25	20~25	27	2
	芹菜	喜冷凉，怕热	13~18	15~20	15~20	27	2
	芫荽	喜冷凉，怕热	12~15	12~15	12~15	30	5
	茴香	喜温，怕热	15~20	15~20	15~20	35	9
	韭菜	耐寒，耐热	10~15	15~23	15~23	30	4~5
	韭葱	喜凉	15~20	18~22	18~22	35	5
	香椿	耐热，耐寒	18~28	20~25	26~30	35	
	牛蒡	喜温	20~25	20~25	20~25		
	蕹菜	耐热	25~35	25~30	25~30		

1. 喜高温耐热菜类

如西瓜、甜瓜、丝瓜冬瓜等，适宜温度白天为25~30℃，夜间为18~20℃，即使达到40℃也能正常生长。但不耐低温，短时间霜冻造成极大伤害。

2. 喜温菜类

如黄瓜、番茄、茄子、椒类、菜豆、西葫芦、香椿等，适宜温度白天为18~28℃，夜间为15~18℃，超过40℃，低于15℃，不能正常生长结果。通常不耐低温，短时间霜冻也会造成极大伤害。

3. 喜凉菜类

如韭菜、韭黄、韭葱、绿菜花、油菜、甘蓝、芹菜等，适宜温度白天为15~22℃，夜间为10~15℃，能耐0~2℃低温，还可短时忍耐-5~-3℃低温。温度过高会影响生长发育。

二、蔬菜对昼夜温差的要求

昼夜温差的作用是：白天温度较高，有利于光合作用制造营养；晚上温度较低，减少呼吸消耗，促使营养转化和运转，有利于营养积累。

不同的蔬菜对昼夜温差的要求也不同。原产于热带的蔬菜要求昼夜温差较小，为3~6℃；原产于温带的蔬菜要求昼夜温差较大，为5~7℃；原产于沙漠或高原的蔬菜要求昼夜温差最大，为10℃以上。果菜类要求昼夜温差较大，叶菜类要求昼夜温差较小。

三、蔬菜对地温的要求

根对温度变化的适应能力比地上部弱，高温和低温都不利。地温太低，不利于根系生长，不利于生物菌活动释放土壤养分，易引发立枯、猝倒、寒根等病害。地温太高，根系早衰，导致植株早衰，诱发番茄和椒类病毒病。

蔬菜不同种类最适的地温相差不多（表 13）。

表 13　各种蔬菜对地温的要求

（℃）

蔬菜种类	最低	最适	最高	蔬菜种类	最低	最适	最高
番茄	10	20～22	38	萝卜	5	24	36
茄子	13～15	18～20	36	白菜	4	24	38
辣椒	13～14	17～22	36	豌豆	2～3	25	34
黄瓜	12～14	25 左右	35	芹菜	6	18～23	32
西葫芦	12	15～25	28	甘蓝	6	20～24	38
甜瓜	14	22～25	33	莴苣	4	25	36
西瓜	15	25～30	38	胡萝卜	6	25	34
菜豆	10～13	26	38	洋葱	10	26	36
草莓	9～12	15～23	25	菠菜	4	22	34

四、高温和低温危害

1. 高温危害

高温危害主要由阳光直接暴晒和植株急剧蒸发水分引起，主要表现为：灼伤、坏死、卷叶、萎蔫、落花、落果、落叶等。

2. 低温危害

低温危害分为冷害和冻害两种。冷害是 0℃以上的低温造成的伤害，喜温菜类在 10℃以下就能受害，表现为寒根、沤根、卷叶、叶片褪绿、停长、落花落果等。冻害是 0℃以下的低温造成的伤害，表现为细胞组织结冰、褪绿变白、局部或整体干枯、果实腐烂、植株死亡等。

低温危害受下列因素影响：温度越低危害越重，持续时间越长危害越重，降温速度快危害越重，急剧升温危害越重，温暖季节危害越重，原产于热带的蔬菜危害重，生长的器官危害重，开花结实期危害重，徒长或瘦弱植株危害重，施氮肥过多的危害重。

五、保温措施

大棚建造要合理。

采用保温性能优良的 EVA 乙烯-醋酸乙烯膜或 PO 聚烯烃膜。

空中横挂抻拉力强于地膜的特制转气膜，把棚内空间分为上下两层。

苗期或矮秆植物，可在棚内设置小拱棚。

垂直风向设立风障以阻挡冷风。

棚边挖防寒沟，填入泡沫等隔热材料，隔绝地温传导。

入棚口外建缓冲房。

草苫内层缝上废旧薄膜，草苫（保温被）上盖浮膜。

草苫（或保温被）厚实，顺风向叠压，湿后尽快晾干。

傍晚盖草苫（或保温被）后，气温短期内回升 2~3℃，然后缓慢下降。若盖后气温不回升，说明盖晚了。

早上揭草苫（或保温被）后，气温短期内下降 1~2℃，然后回升则正常。若揭后气温不下降，说明揭晚了。通常在早晨的阳光洒满整个屋面时揭苫。极端寒冷或大风天可适当早盖晚揭。

高垄栽植，地膜覆盖，但不要盖严地面，否则影响土壤透气。

膜下浇水，午前浇水，晴天浇水，浇小水和温水，连阴骤晴不浇水。浇水后先闭棚烤地，再放风排湿。

多施有机肥，尤其是马粪等热性有机肥，有利于提高地温。

地面喷洒增温剂，每月喷一次，可提高地温 2~3℃。

点火加温，但不能熏烟，以免发生二氧化硫中毒和烟尘污染。

六、降温措施

1. 放风口散热

顶部放风口离蔬菜较远，一般不会导致蔬菜低温伤害，放风效果最好。棚前通风口位置较低，易造成低温伤害，而且散热效果较差，所以只能在气温较高而顶部放风口降不下温度时，与顶部放风口配合使用。

2. 挡光降温

覆盖遮阳物，如草苫、苇帘、遮阳网、纱网、无纺布等，可挡光 50%~55%，降温 5℃左右。用石灰水或泥浆涂于膜上，涂抹 30%~50%时，可挡光 20%~30%，降温 4~6℃。薄膜面流水，挡光 25%，降温 4℃左右。

第十一节　湿度调控

一、蔬菜对土壤湿度的要求

土壤湿度过大，土壤含氧量降低，地温降低，抑制根系生长，导致烂根，导致植株徒长。土壤湿度太小，则导致根系枯死，植物萎蔫，还会发生日烧及卷叶等。不同蔬菜对土壤湿度的要求不同，根据耗水多少和根系吸收能力可分为五类（表14）。

表14 各种蔬菜对土壤湿度的要求

需水类型	根系吸水力	蔬菜种类	管理要点
耗水不多	强	西瓜、南瓜、苦瓜等	抗旱力很强、浇水次数可少
	弱	甜瓜、葱、蒜、石刁柏	喜湿，应经常浇水
耗水中等	中等	茄果类、根菜类、豆类等	较耐旱，要适时浇大水，保持土壤见干见湿
耗水多	弱	白菜类、甘蓝类、黄瓜、四季萝卜、绿叶菜类	喜湿、需经常浇水，保持土壤湿润
耗水很多	很弱	藕、荸荠、茭白、菱等	在水田或水塘中栽培

二、蔬菜对空气湿度的要求

空气湿度过大，抑制植株蒸腾，植株因散热不及时而假性“烧伤”组织器官，影响授粉受精而导致落花落果，诱发各种真菌性和细菌性病害。而空气湿度太小，植株蒸腾失水过多导致生理干旱，根系枯死，削弱长势，影响光合作用，诱发病毒病、红蜘蛛和蚜虫危害。不同蔬菜对空气湿度的要求也不同，大体可分为四类（表15）。

表15 各种蔬菜对空气湿度的要求

类型	蔬菜种类	适宜相对湿度（℃）
湿润型	黄瓜、绿叶菜类、白菜类、甘蓝类、韭黄、水生菜类	85~90
半湿润型	萝卜、香椿、豌豆、蚕豆、马铃薯、丝瓜、苦瓜、冬瓜、蛇瓜	70~80
半干燥型	番茄、茄子、辣椒、菜豆、豇豆等	55~65
干燥型	西瓜、甜瓜、南瓜、胡萝卜、葱蒜类	45~44

三、土壤湿度的调控

1. 浇水时间

①依据需水规律确定：播种时浇足水，出苗后控水，以促使根系生长。定植时浇足水，发棵时控水，以利蹲苗。②依据生长表现确定：中午不萎蔫，表示土壤湿度过大。中午稍有萎蔫，下午3：00~4：00恢复正常则湿度适宜。中午萎蔫，到日落时恢复，表示缺水；到日落时仍不恢复，表示严重缺水。③依据地温确定：地温高时浇水，蔬菜吸收快，蒸发也快。10厘米的土层内，当地温20℃

以上时浇水为宜，低于15℃时只能浇小水，低于10℃时禁止浇水。④依据天气确定：晴天气温和地温都较高，浇水后闷棚提温，不至于降低地温太多。阴天、下午以及久阴骤晴不宜浇水。

2. 浇水方式

①沟畦灌：造成土壤结构不良、肥料流失、地温变低、空气湿度大、病害严重等。②膜下灌：空气湿度小、病害轻，但仍然造成土壤结构不良、肥料流失、地温变低等。③微灌：包括滴灌、微喷和泉喷三种方式，克服了前两种灌溉方式的缺点，省水省工，伴随微灌的同时又施了肥。

3. 浇水量

棚内浇水后，蒸发消耗慢，而空气湿度增加快，所以浇水量要小，每次浇水以流淌至畦长的8~9成，湿透垄为宜。为满足需水旺盛期的需要，可以勤浇。

四、空气湿度的调控

1. 通风排湿

浇水后、喷药、以及阴雨天，都需通风排湿。排湿最有效的措施是日出时排雾，但此时在一天内气温最低，时间不能太长，排完雾立即关闭放风口。

2. 升温烤地

浇水后立即升温烤地，保持35℃的高温1.5小时，然后开风口缓缓降温，连续烤地2~3天。

3. 减少浇水次数

采取膜下浇水，没覆盖地膜的地方经常中耕松土，以控制水分蒸发。

4. 减少膜面水滴

有滴膜涂除滴剂，也可每隔18~20天向膜面喷涂豆粉、奶粉、面粉等，以防形成水滴。

第十二节　气体调控

一、蔬菜对二氧化碳的要求与调控

1. 二氧化碳的作用

二氧化碳是光合作用的主要原料之一，蔬菜的干物质中，有近一半的元素是碳。如果二氧化碳不足，会严重影响光合作用，削弱了营养的合成，导致生长缓慢，产量低、品质差、坐果率低、畸形果多。大棚内补充二氧化碳后在光照、温度、肥水的配合下，能极大地促进光合作用，增产幅度达到30%~150%。

2. 二氧化碳的来源

棚内的二氧化碳主要来自于大气、有机肥的分解、植物和微生物呼吸。如果天气冷，通风口放风量不足，那么靠棚内产生的二氧化碳远远不够，因此棚内补充二氧化碳十分必要。

3. 二氧化碳的含量变化

一日之内，早晨揭苫前，二氧化碳浓度最大，为（700~1 000）毫克/升，揭苫见光后，光合作用开始消耗，1~2 个小时就低于棚外浓度。直到傍晚，随着光照的减弱，二氧化碳的浓度又开始回升，到第二天早晨又达到最大值。

4. 二氧化碳的补充量

大多数蔬菜的二氧化碳补偿点为（60~80）毫克/升，饱和点为(1 000~1 600)毫克/升。在补偿点和饱和点之间，二氧化碳浓度越高，光合作用越强，增产效果越明显。低于补偿点生长发育不良，高于饱和点中毒，中毒症状为萎蔫、黄叶、落叶、果畸形等。通常，当棚内二氧化碳浓度低于 300 毫克/升时，就要给予补充，补充二氧化碳浓度不宜超过 1 600毫克/升。

5. 二氧化碳的补充方法

①多施有机肥：有机肥在微生物的作用下，分解释放二氧化碳，释放量是有机质的 1.5 倍。此法速度快，但有效期短，自施入有机肥后仅一个月左右，而且集中释放，不容易控制，当土壤中的二氧化碳的浓度超过 5 毫克/升时不利于根系的生长，因此春季地温回升后，可经常冲施有机肥。②通风换气：这种方法简单易行，但二氧化碳的浓度太稀，只能达到大气含量，而且外界气温低于 10℃时难以进行。③人工补充二氧化碳：晴天在揭苫后 0.5~1 小时补充，轻度阴天或多云天气在揭苫后 1~1.5 小时补充，放风前 0.5 小时停止补充，阴天不补充。生产上主要有 4 种方法：第一燃烧煤油、石蜡、天然气和二氧化碳棒，但价格昂贵。第二使用二氧化碳发生器，让硫酸和碳酸氢铵反应产生二氧化碳，但要注意安全。第三生产食用菌，产生二氧化碳。第四酿造厂或石灰厂释放出的气体，经过滤毒气后，装入压力罐中，拿到棚内直接使用。

二、蔬菜对氧气的要求与调控

1. 氧气的作用

地上的茎叶呼吸需要的氧气来自于大气，棚内不缺。地下的根系呼吸需要的氧气来自于土壤，如果土壤氧气不足则影响生长发育。一般种子发芽要求土壤含氧量在 10%以上。土壤含氧量低于 5%，根系不能正常生长吸收养分，甚至会窒息而死。

2. 提高土壤含氧量

不盖地膜则耕作，保持土壤疏松。盖地膜则减少浇水量及次数。

三、毒气的危害与消除

1. 毒气的种类与来源

棚内施用氮肥会产生氨气和二氧化氮，施用未腐熟的有机肥会产生氨气和硫化氢等，棚内燃火会产生二氧化硫，甚至产生乙烯，质量不好的农膜还会产生氯气，这些气体即为毒气，对蔬菜有害。不同种类的蔬菜对毒气的危害程度不一样（表 16）。

表 16　各种蔬菜对毒气的危害反应

气体种类	危害浓度（毫克/升）	表现症状	敏感蔬菜
二氧化硫 三氧化硫	0.2	中部叶片叶脉间出现水浸状褪绿斑，严重时变白，干枯死亡	茄子、番茄菜豆、莴苣
氯气	0.1	叶绿素分解、叶片黄化	萝卜、白菜
乙烯	0.1	中部叶片变黄，重时叶片脱落，植株矮化，侧枝生长加快，易落果	番茄、茄子辣椒、豌豆
氨气	5	下部叶片叶缘先水渍状，后变褐，转白，严重时全叶干枯	黄瓜、番茄辣椒、白菜
二氧化氮	2	中部叶片出现白斑，重时除叶脉外全叶变白，全株枯死	莴苣、番茄、茄子、黄瓜、芹菜

2. 毒气的消除

①选择合格农膜，以免分解释放氯气；②经常通风换气，有异味立即通风；③有机肥要腐熟；④天冷不宜放风时，不用碳酸氢铵，少用尿素，溶化后随水冲施；⑤补充二氧化碳的燃料选含硫量低的。如果燃烧沼气，先用 5% 的高锰酸钾消除硫化氢。

第六章

产中管理创新

第一节 《齐民要术》极其重视产中管理

一、管理要不偷懒

《齐民要术》有言："故自天子以下，至於庶人，四肢不勤，思虑不用，而事治求赡者，未之闻也。""力耕数耘，收获如寇盗之至。"

引用《管子》曰："一农不耕，民有饥者；一女不织，民有寒者。"

引用传曰："人生在勤，勤则不匮。"

引用古语曰："力能胜贫。谨能胜祸。"

引用《谯子》曰："朝发而夕异宿，勤则菜盈倾筐。且苟无羽毛，不织不衣；不能茹草饮水，不耕不食。安可以不自力哉？"

引用《仲长子》曰："稼穑不修，桑果不茂，畜产不肥，鞭之可也；杝落不完，垣墙不牢，扫除不净，笞之可也。"此督课之方也。且天子亲耕，皇后亲蚕，况夫田父而怀窳惰乎？

《齐民要术》介绍治懒之法："田中不得有树，用妨五谷。五谷之田，不宜树果。谚曰：'桃李不言，下自成蹊'。非直妨耕种，损禾苗，抑亦堕夫之所休息，竖子之所嬉游。故齐桓公问於管子曰：'饥寒，室屋漏而不治，垣墙壤而不筑，为之奈何？'管子对曰：'沐涂树之枝。'公令谓左右伯：'沐涂树之枝'。朞年，民被布帛，治屋，筑垣墙。公问：'此何故？'管子对曰：'齐，夷莱之国也。一树而百乘息其下，以其不捎也。众鸟居其上。丁壮者胡丸操弹居其下，终日不归。父老柎枝而论，终日不去。今吾沐涂树之枝，日方中，无尺荫，行者疾走，父老归而治产，丁壮归而有业’”。

二、管理要不窝工

《齐民要术》引用崔寔《政论》曰：“武帝以赵过为搜粟都尉，教民耕殖。其法三犁共一牛，一人将之，下种，挽耧，皆取备焉。日种一顷。至今三辅犹赖其利。今辽东耕犁，辕长四尺，回车相妨，既用两牛，两人牵之，一人将耕，一人下种，二人挽耧：凡用两牛六人，一日才种二十五亩。其悬绝如此。”

三、管理要不误农时

《齐民要术》有言：“足用之本，在于勿夺时；勿夺时之本，在于省事。”不误农时则须量力而行，所以《齐民要术》有言：“凡人家营田，须量已力，宁可少好，不可多恶。假如一具牛，总营得小亩三顷——据齐地大亩，一顷三十五亩也。每年一易，必莫频种。其杂田地，即是来年谷资。”

引用崔寔《四民月令》曰：“正月，地气上腾，土长冒橛，陈根可拔，急菑强土黑垆之田。二月，阴冻毕泽，可菑美田缓土及河渚小处。三月，杏华盛，可菑沙白轻土之田。五月、六月，可菑麦田。”

四、管理要利其器

《齐民要术》有言：“欲善其事，先利其器。悦以使人，人忘其劳。且须调习器机，务令快利；秣饲牛畜，事须肥健；抚恤其人，常遣欢悦。”“九真、庐江，不知牛耕，每致困乏。任延、王影，乃令铸作田器，教之垦辟，岁岁开广，百姓充给。敦粕不虹作耧梨；冢种，人牛功力既费，而收谷更少。皇甫隆乃教作耧犁，所省庸力过半，得谷加五。”“按三犁共一牛，若今三脚耧矣，未知耕法如何？今自济州以西，犹用长辕犁、两脚耧。长辕耕平地尚可，于山涧之间则不任用，且回转至难，费力，未若齐人蔚犁之柔便也。两脚耧种，垅穊，亦不如一脚耧之得中也。”

第二节　管理之道

农业园区获利有四个必须条件：产前的选项能卖高价、产中的技术能获高产、产中的管理能省钱、产后的营销能增值。产前的选项称作决策决定成败、产中的管理称作细节决定成败。

管理者，即指挥者。战场上叫将军，商场上称经理，园区称管家或场长。

汉朝大将韩信，用兵多多益善，说明他指挥有方。

汉朝鼎盛时期，大约每 8 000 人有一个吃皇粮的，也就是说大约 8 000人供养一个管理者。说今天的老百姓掌握了科技而难管，那么今天的管理者不也掌握了更高的科技吗？

农业生产投入最大的不是地租，也不是肥、水、药等必需品，也不是基本设施，不影响生产、不影响生活、不影响观光的设施不是必需品。农业生产投入最大的是什么呢？一定是雇工。

管理出两效：一是预期完成任务不误时、二是省工省钱。

管理有三敌：一是窝工、二是捣乱、三是偷懒。

管理有四忌：一是多工种导致窝工和偷懒、二是多管家导致扯皮和串通、三是大集体导致偷懒和捣乱、四是带薪承包导致偷懒。

作者蔡英明亲自从事农业生产，上了讲台是专家，下了田野是农民，创造了下列管理方法，极其省工，大量省钱。

一、改变生产方式

农业园区的主要用工有四项：施肥、喷药、除草和调理，这四项可以大量节省用工。

1. 肥水一体化

滴灌实现不了肥水一体化，因为滴灌只能施化肥而不能施粪，例如一亩果园施粪 5 立方米，支付薪酬 500 元，谁也不干。怎么办？建一个水池，把所需粪等各种肥放入池中，还可以加入 EM 菌发酵，然后随水冲入园内。此法每亩节省用工 500 元以上。

2. 烟雾机喷药

例如果园喷药，两个喷头的药泵需 5 人操作，每天 10 亩，每年 10 次，支付薪酬 5 000元，谁也不干。怎么办？改用烟雾机（非烟雾枪）喷药，于雨后或浇水后结露的傍晚，十分钟即可完成，烟剂溶于雾中，结露后附着于植株器官上，没有死角。几乎不用雇工。此法每亩节省用工 500 元以上，省药 300 元以上。

3. 生态除草

例如果园人工除草，生长季节多雨地区每年 5 次，每亩支付薪酬 500 元左右。树下养鹅或盖草即可以节省这 500 元。

4. 换代技术

例如果园整枝整果需要爬上树，很费工，采用“一边倒”技术即可解决。再如葡萄冒杈抹杈，很费工，采用“小龙干”技术即可解决。此法每亩节省用工 1 000元以上。

二、招工方法

1. 管家

忠诚、勤快、敢管、会管。

2. 骨干

埋头苦干。

3. 长工

少用或不用长工，常用即长工。宁可高价雇短工，也不低价雇长工。

4. 短工

多点招工，防止串通。

5. 体质

招瘦的，不招胖的。

6. 薪酬

管家的待遇是工资加10%以上的土地产物（自主销售）。骨干员工的待遇是天天有活干，加薪赠礼品。其他用工的待遇是当日付薪，万万不可拖欠工资，失信是最大的破产。

三、管人方法

1. 单一工种

安排不窝工、监督不偷懒。除了浇水等工作不需要监督外，凡是需要监督的工作，每天或每半天只安排一项，而且哪项最急干哪项。一是便于管家集中精力分析任务量，二是便于管家及时监督检查。这叫做工种太多乱哄哄、工种单一不窝工。

2. 以量计酬

变计日为计量。大集体时代，人被看管着干活，还希望他自觉，可能吗？分田到户后，人为自己干活，一定是主动自觉的。这叫做集体被管生闷气、单干自觉不偷懒。

方法是：变按日计酬为按量计酬，员工自己管自己，干多少自主决定，日作超过8小时全凭自愿，而且不再说话聊天，干活时鸦雀无声。什么叫变通？古代有个养猴者，早上给猴3个食物，晚上给猴4个食物，猴不乐。养猴者早上给猴4个食物，晚上给猴3个食物，猴乐了。

体力活，越干越慢，怎么定量？以园区锄草为例，日薪100元。管家带队，亲自干一小时停下休息。号称检查质量，实则统计数量。假如平均干了100米，按每日8小时应干800米，那么按700米定量，员工无话可说。也就是说，完成

700米100元，完成1 400米200元，员工不再被人管，干多少算多少。你可能会问：只完成700米不亏吗？不亏，集体干还完不成700米。因为这700米的算法是：上午开工第一小时人的体力最强，管家亲自带队干，干的多，不偷懒。你用这一小时计算工作量，亏吗？这就叫双赢。

技术活，越干越快，怎么定量？以葡萄挖芽为例，日薪100元。但技术活难管理，一是偷懒，二是漏挖，三是挖掉叶，还不敢批评。怎么办？只选拔勤快的员工，管家带队，亲自干一天。假如算出一亩需2.5个工日，应付薪酬250元，那么将薪酬增加至300元。但有两个条件：一是不能挖掉叶，挖掉一个叶片罚一元。二是一个月后付薪，如果漏挖冒芽，那么补挖后付薪酬。此法一出，员工纷纷抢占地块，原来迟到早退，现在起早贪黑；原来说话聊天，现在鸦雀无声；原来2.5天挖一亩，现在1.5天挖一亩；原来员工日赚100元，现在日赚200元。你可能会问：每亩多支付50元不亏吗？不亏，因为每亩2.5个工日是管家带领勤快的员工干出来的。这就叫双赢。

3. 末位淘汰

奸猾者不用。懒惰者少干少薪，但奸猾者使坏，决不可用。

4. 优化组合

懒惰者单干。农业因受环境影响，主要工种和次要工种经常变换，工种太多，安排不合理则延误农时。有许多工种不便于上述管理，须靠员工的自觉行为，但不自觉的人会扯皮、偷懒、捣乱，这就让一粒老鼠屎，坏了一锅粥。因此，不便于上述管理的工种，例如浇水让懒惰者去干，而修剪则安排任劳任怨的员工去干。

5. 人少分开

不说话、不窝工。大集体时代亩产粮食几百斤，分田到户后亩产粮食超千斤，还是那个土地，为什么产量不一样？这叫做集体窝工不出力、分开自觉不扯皮。雇工较少时采用此法，方法是：同一工种，互不见面，难以串通，奖勤罚懒。

第七章

产后营销创新

第一节 《齐民要术》的营销观念

贾思勰《齐民要术·自序》中表示："舍本逐末，贤哲所非，日富岁贫，饥寒之渐，故商贾之事，阙而不录。"然而《齐民要术》卷七引录《汉书·货值传》，全是市场交易之事，岂非矛盾？其实并不矛盾，因为《齐民要术》的营销观念是不脱离生产，既不是囤积居奇式的投机倒把，也不是孤注一掷式的炒股生钱。

例如看准市场搞种植养殖："陆地，牧马二百蹏（孟康曰：五十匹也。蹏，古蹄字）；牛蹏、角千（孟康曰：一百六十七头。牛马贵贱，以此为率）；千足羊（师古曰：凡言千足者，二百五十头也）；泽中，千足彘；水居，千石鱼陂（师古曰：言有大陂养鱼，一岁收千石。鱼以斤两为计）；山居，千章之楸（楸任方章者千枚也）；安邑千树枣；燕、秦千树栗；蜀、汉、江陵千树橘；淮北荥南济、河之间千树楸；陈夏千亩漆；齐鲁千亩桑麻；渭川千亩竹；及名国万家之城，带郭千亩亩锺之田（孟康曰：一锺受六斛四斗。师古曰：一亩收锺者，凡千亩），若千亩栀、茜（孟康曰：茜草、栀子，可用染也），千畦姜、韭：此其人，皆与千户侯等。"

《齐民要术》引用谚曰："以贫求富，农不如工，工不如商，刺绣文不如倚市门"。但仍表明"此言末业，贫者之资也。"

例如看准市场搞下列项目："通邑大都：酤，一岁千酿；醯、酱千瓨；浆千儋；屠牛、羊、彘千皮；谷籴千锺；薪藁千车；船长千丈；木千章；竹竿万个；

轺车百乘；牛车千两；木器漆者千枚；铜器千钧；素木、铁器若卮、茜千石；马蹏、躈千；牛千足；羊、彘千双；僮手指千；筋、角、丹砂千斤；其帛、絮、细布千钧；文、采千匹；荅布、皮革千石；漆千大斗；鼓千合；鲐、鮆千斤；鲍千钧；枣、栗千石者三之；狐、貂裘千皮；羔羊裘千石；旃席千具；它果采千种；子贷金钱千贯，节驵侩，贪贾三之，廉贾五之，亦比千乘之家。”

贾思勰在《齐民要术》中表明营销是末业，却不反对营销。例如引用《史记·货殖传》曰：“宣曲任氏为督道仓吏。秦之败，豪杰皆争取金玉，任氏独窖仓粟。楚汉相拒荥阳，民不得耕，米石至数万，而豪杰金玉，尽归任氏。任氏以此起富。”

贾思勰在《齐民要术》中提示商场犹如战场。例如引用白圭曰：“趣时若猛兽鸷鸟之发。故曰：吾治生犹伊尹、吕尚之谋，孙吴用兵，商鞅行法是也。”

贾思勰在《齐民要术》中提示营销要专一。例如引用《淮南子》曰：“贾多端则贫，工多伎则穷，心不一也。”高诱曰：“贾多端，非一术；工多伎，非一能；故心不一也。”

第二节　产后营销

一、强强联手

战场上，一将逞勇不如战阵运筹；市场上，一家独拼不如联手合盟。因为杀敌一万自损八千，所以鹬蚌相争渔翁得利。

联手合盟包括内联和外联。内联是团结起来，一致对外，消除内部相争。外联是远交近攻，收服对手，消除外部竞争。

内联的捷径是农户联合起来，联手成立合作社，直接面对终端客户或近终端客户。单个农户的农产品，很难满足客户的需求，不是直接卖给了终端客户或近终端客户，而是卖给了二道三道贩子，他们就压秤压价，甚至农户之间相互压价，被贩子钻了空子。

外联的诀窍是远交近攻，交远的，打近的。市场如战场，赢得市场同样需要远交近攻。谁是你的朋友？远者！远者是你的联手伙伴。谁是你的敌人？近者！近者是喂不饱的狼，一有机会就咬你。近者瞅准机会就夺你的市场，近者永远是你的竞争对手。你卖百货，周边的百货店与你竞争；你开饭店，周边的饭店与你竞争；你开公司，周边的同行与你竞争。与远者联手，将近者打败，然后把近者收到你的麾下，成为你的下级，由你统领指挥，消除竞争，将市场做大。

二、建基地

基地要具有示范和生产双重作用，要具备四个条件：一是有特色，包括无公害、绿色、有机和富硒等特色农产品生产基地；二是准确选项，确保种植的作物，将来农产品上市后抢购畅销；三是基地要有一定规模，不一定很大，一定要精致，技术要到位，管理要认真，参观展示无缺陷；四是有联盟伙伴。

三、树大旗

树起大旗，壮大声势，招牌有名，号召有力，借水行舟，事半功倍。出师有名、有谋有威。

树大旗要靠政府支持、科技认证、媒体宣传和名人关注，以此获得各种荣誉称号。

四、广宣传

世界上成功营销的第一诀窍——数量永远是第一。当1/7的消费者知道某产品时，就产生“轰动”效应而拥有市场。宣传方式有很多种，随着现代科技的发展和爆炸，报纸的宣传不如电视、电视的宣传不如互联网，互联网现已普及，尤其移动互联网和微信的普及，使全社会进入自媒体时代，强力冲击了官办的稀缺媒体。凭此可以宣传推广到同语系民族圈，甚至宣传推广到全世界。

五、找群体

容易做成大产业的项目，要具备三项条件：一是大群体消费；二是重复消费；三是有专利、商标、配方、技巧、手段等控制，别人不可替代。

普天之下，唯有食品的消费群体最大，唯有食品是人人重复消费，但唯有卖给中上层群体和老、幼、病、污、特等群体才能获高利。那么，怎样拉动中上层群体消费呢？一靠卖点；二靠宣传；三靠协调。

下层群体要求吃饱、追求吃好；中上层群体要求吃好、追求保健。如何向消费者灌输健康饮食？营养协会等机构可以应运而生，这就是协调。

六、专卖店

合作社很难与超市对接：因为中国农民太多，而超市太少；中国农民缺钱，而超市反向农民赊货。

合作社很难与农贸市场对接：因为农贸市场层层扒皮，农户之间相互残杀。

唯有农产品专卖店，能够消除超市和农贸市场的缺陷。专卖店营销方式包括发展会员、团购、礼品赠送等。专卖店营销面对的是中上层社会群体，减少中间环节，高价销售。

七、兵贵速

市场如战场，战场上兵贵神速，市场上要三快：信息快、投产快、行动快。

信息快靠关系网、互联网和高人指点。当今时代，利用科技手段寻找信息极其容易。但是，人人都在盯着市场，都在利用科技，市场信息转瞬即逝。大多数人抓不住信息，如果大多数人都能抓住信息时，那信息就不值钱了，物品就不以稀为贵了。一个新产品一上市有利可赚，几天之内同类产品就会充斥市场，市场空间很快就被堵死了。因此，对广大农民来说，不要把心思用在竞争市场信息上，而应该通过准确选项拥有市场，通过技术快速占领市场。

投产快靠技术。先进技术可以快速拥有市场，以苹果、樱桃、柿、枣等果树为例，你根据前述选项方法，选择一个别人还不太知道的好品种，采用“一边倒”技术 4 年就能大丰收，当别人发现了你的品种赚大钱时，已晚了 4 年，再用其他老技术 8 年才丰收，人这一辈子 12 年的好时光就这样过去了，该品种在市场上已经不稀罕了，价格也降下来了，那时别人的果树刚刚丰收，你这里把果树砍伐都划算了，你说技术重要不重要?!

行动快靠吃苦耐劳。掌握了市场信息，但行动拖沓，也不能拥有市场。2003 年 7 月 20 日，两车大久保桃出现在郑州市场上，售价 2 元/千克，很快被抢购一空。可是时隔一日，就有几十车大久保桃涌入郑州市场，售价降至 1.2 元/千克以下。

八、出奇兵

战场上制胜靠奇谋，出其不意，攻其不备。市场上制胜靠卖点，独树一帜，出奇制胜。专家学者们创造了一个新名词，把卖点称创意，称创意是故弄玄虚。

产品本身有卖点，产品之外还有更大的卖点。卖点在哪里?

一卖特色：例如黑小麦、绿大米、红土豆、紫山药、拇指肚小西瓜、拳头大的枣等。

二卖技术：用科学技术带动产品销售。

三卖名人：让名人做代言人，大多数人认为名人推崇的就是对的，甚至可以把古人抬出来唬人。例如曲阜市可以卖孔子的圣人教化，连云港市可以卖孔子拜童子为师，但如果临清市卖西门庆的男盗女娼，就有点急功近利了。

四卖文化：人们喜爱用文化艺术包装起来的虚荣，例如潍县朝天锅用乾隆年间的早市包装，寿光虎头鸡用汉武帝北海躬耕包装。

当今企业都在开展企业文化，却误把一些口号当作企业文化。例如把“以人为本”“开拓进取”等等当做企业文化，真是可笑，这只是一些空洞的口号而已，怎么能是企业文化呢？试想，人本来就是本，不以人为本，难道以狗为本吗？企业不把人当人看待，才喊以人为本。

当然口号也是一种文化，但口号最忌空洞。口号文化要让消费者在心理上接受。例如江阴市的标语是：“诚实是打不倒的品牌，信誉是用不完的资本”。仅仅两句话，让人感觉江阴的人实在，江阴的企业实在，江阴的产品实在。江阴的高速发展，与这两句话大有关系。形形色色的诸多企业文化，在这两句话面前，变得一钱不值。

五卖理想：达到令人向往的超现实境界，就飘飘然陶醉。卖点由物质层面上升到精神层面，就可以出奇制胜。例如牛奶的宣传画面，人家的牛养在豪华的牛栏里，你的牛放牧在一望无际的大草原上，是不是在大草原上放牛？难说。例如人家的饮料上火喝，你的饮料怕上火喝，上了火谁还喝？怕上火喝真是妙哉。例如人家的白面是精粉，你的白面是毛驴拉着石磨制作的，拉着人的思想回到远古。

六卖奇谋奇计：设计一套方案，让人按你的方案消费却浑然不知。例如定陶县某人卖铁棍山药，我为他设计方案如下：春秋战国时期，范蠡帮助越王勾践打败吴王夫差后，归隐田园，为西施治病而北上，先居即墨但没治好，再居馆陶仍没治好，后居定陶而西施病愈。定陶人以为奇，方知铁棍山药有如此功效，争相食用。自此定陶人体力大增，小伙帅气，姑娘秀美，老人道骨仙风，不孕不育者至此，不久便可儿女成行。故事编成后，邀请100名厨师云集定陶，皆以铁棍山药为料，烹饪100道菜肴。再邀请100名艺术家云集定陶，皆以铁棍山药为题，成就100项艺术。常言道：“狗咬人不是新闻，人咬狗才是新闻”，媒体记者天生嗅觉灵敏，如此天下奇闻，岂可错过？记者们也云集定陶，电视、报纸、互联网纷纷免费报道。自此，定陶铁棍山药名声大振，甚至超过了云台山山药，市价陡增几倍。有好事者考证历史，发现范蠡果真如此行程，至于携西施北上所至，只怪太史司马迁先生疏忽漏笔。凡此种种，都可以据历史传说……。

九、打品牌

农产品一旦形成品牌，就能走向高端市场，高价又好卖。

品牌的基础条件是产品优秀。

品牌的形成靠卖点打造，例如桂河芹菜是品牌，马家沟芹菜也是品牌，于是鲍家庄就有了“吃鲍鱼不如吃鲍芹”的品牌。

品牌的保护，一靠技术确保品质不变，二靠产地认证和商标注册防篡，三靠合作社联盟消除行业竞争，四靠执法机构打击假冒伪劣和霸市。

第三节　产业化形成稳固的市场

一、产业化形成的市场因素

农产品连年高价又好卖，就能出现龙头企业。

龙头企业带动，就能形成地方品牌。

地方品牌连续拥有多年，就能形成规模。

规模继续扩大，就能形成产业化。

产业化一旦形成，就有了稳固的市场。

二、产业化形成的龙头因素

龙头企业可能是农业公司，也可能是农民合作社。

龙头企业的作用是带动品牌和产业化。

龙头企业不宜以生产为主。一是因为员工的生产行为是被动的“要我干”，一切行动听指挥也调动不了员工的自觉行动；二是因为市场风险独自承担，选项不准就垮台。

龙头企业应以营销为主。一是农户生产行为是自觉的“我要干”；二是市场风险分散到户，冲而不散；三是招商由凤来筑巢到筑巢引凤；四是追溯体系完整。

三、产业化形成的政府因素

因地制宜，凤来筑巢。扶持龙头企业和合作社组成庞大的营销队伍。

放宽政策，自由贸易。民不举，官不究；民若举，官必究。

降低门槛，合理收费。低门槛进入，大市场繁荣。

维持治安，控制市霸。产业难形成，但很容易被市霸毁掉，一定要保商安民。

配套服务，形成链条。吸引相关企业，促成产业链条。

参考文献

蔡英明 . 2006. 果树“一边倒”栽培技术［M］. 北京：中国农业大学出版社 .
蔡英明 . 2013. 种植致富宝典［M］. 长春：吉林科技出版社 .
冯建国 . 2000. 无公害果品生产技术［M］. 北京：金盾出版社 .
高文琦等 . 2003. 蔬菜病虫草害识别与防治彩色图解［M］. 北京：中国农业出版社 .
高文胜 . 2005. 苹果［M］. 北京：中国农业大学出版社 .
韩德元 . 1997. 植物生长调节剂原理与应用［M］. 北京：北京科学技术出版社 .
剧正理 . 2001. 菜园新农药 151 种及其使用方法［M］. 北京：中国农业出版社 .
李式军 . 1998. 蔬菜生产的茬口安排［M］. 北京：中国农业出版社 .
缪启愉，缪桂龙 . 2009. 齐民要术译注［M］. 济南：齐鲁书社出版社 .
石声汉 . 2015. 齐民要术译注［M］. 北京：中华书局出版社 .
束怀瑞 . 1999. 苹果学［M］. 北京：中国农业科技出版社 .
苏桂林 . 2003. 现代实用果品生产技术［M］. 北京：中国农业出版社 .
夏声广 . 2005. 蔬菜病虫害防治原色生态图谱［M］. 北京：中国农业出版社 .
张新华等 . 2002. 现代葡萄栽培［M］. 北京：台海出版社 .
张志勇 . 2000. 蔬菜无公害生产技术［M］. 郑州：中原农民出版社 .

后 记

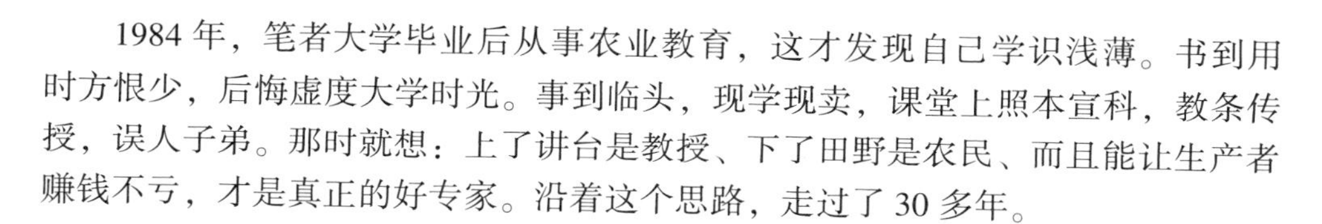

1984年，笔者大学毕业后从事农业教育，这才发现自己学识浅薄。书到用时方恨少，后悔虚度大学时光。事到临头，现学现卖，课堂上照本宣科，教条传授，误人子弟。那时就想：上了讲台是教授、下了田野是农民、而且能让生产者赚钱不亏，才是真正的好专家。沿着这个思路，走过了30多年。

一、到生产中去

1985年后，秦子祯先生主政昌乐县朱汉乡，大胆引用国外的苹果纺锤形矮化密植新技术，建成中国第一个万亩果园之乡，6~8年即获丰收。那时的教科书介绍的主要还是乔化稀植技术，栽后10年也丰收不了。笔者协助秦子祯先生推广纺锤形矮化密植新技术，虽力排众议，但仍不免胆胆突突。仅仅几年后，纺锤形矮化密植新技术就显出了它的超常，因此中国北方掀起了学朱汉的热潮。从此认识到：老的东西在思想上扎了根，形成了根深蒂固的观念，就本能地排斥新的事物，只能在老的框子里搞研究，去完善老的东西。新事物出现时总有人反对，不反对就不正常了。

二、发明创造干性果树“一边倒”技术

1988年，笔者与临朐职业中专张永禄先生，发现了一株只有单主枝的倾斜旗形苹果树，从此开始了“一边倒”技术的探索研究。1992年，笔者与四弟蔡英俊在寿光市屯上村建园70余亩，凡是整成“一边倒”形的果树，都能提早获得高产。1995年，笔者与昌乐县林业局刘建忠先生等朋友在一起探讨树形结构时，灵感一闪，豁然开朗，发现了由纺锤形、分层形、开心形、丫形、到“一边倒”树形的演化过程及其生物学原理，并总结出合理的株行距、倾斜方向、倾斜夹角以及平衡调控等相关技术。其他各种果树技术，都是上边见光而下边不见光、南边见光而北边不见光、外边见光而里边不见光，上强下弱，外强中干，所

以产量低、质量差。“一边倒”技术直接从地面冒出一个倾斜大枝，永无阴暗面，全部枝、叶、果都见光，因此投产快、产量高、质量好、易管理，而且至简至易、一看就懂、一学就会、一用就灵。例如，纺锤形矮化密植新技术6~8年丰收，“一边倒”技术3~4年即可大丰收。“一边倒”技术将成为桃、李、杏、樱桃、苹果、梨、柿、枣、山楂、石榴、果桑、核桃等各种干性果树的换代技术。

三、发明创造蔓性果树小龙干技术

2004年，河南省永城县一个葡萄植株户找到笔者说，葡萄生产有两大难题：一是产量极低，通常只有2 000千克/亩左右；二是用工极多，用工投入是其他果树的几倍。笔者当时突发奇想，蔓性果树葡萄和猕猴桃能否采用“一边倒”技术呢？后来到新疆发现，那里的葡萄全是“一边倒”（即棚架龙干形），却并不高产。笔者发现，葡萄主要有两种整枝方式，即扇形整枝和龙干形整枝。这两种整枝方式不论怎么改进，永远改不掉三大缺点：一是剪掉了最好的花芽；二是叶少浪费阳光；三是连续冒杈连续抹杈。这三大缺点导致投产慢、产量低、质量差、难管理、结果部位上移、树势迅速衰退。为此，笔者设计了原始的蔓性果树“一边倒”技术，写在了《果树“一边倒”栽培技术》一书之中，那时还不完善，真正完善是在笔者亲自大面积生产葡萄之后。蔓性果树“一边倒”技术（又名蔓性果树“小龙干”技术），栽后一年亩产超万斤，速产速效、高产高效、优质易管、省工省钱，目前正在全国各地广泛推广。

四、发明创造果树“满透平”技术

果树主要分为干性果树和蔓性果树两大类，干性果树采用“一边倒”技术，蔓性果树采用“小龙干”技术，即可速产、高产、优质、易管。然而，近百年来专家推广的和农民采用的，主要还是传统技术或改良技术。成龄的蔓性果树仍能改用“小龙干”技术，而成龄的干性果树则不能改用“一边倒”技术。一直有大量的果园，该结果了不结果，该丰收了不丰收。什么原因？不用问，肯定是树体调控不合理所致，除非气候不适宜，否则没有任何理由。树体调控的主要方式是整形修剪。传统的修剪理论和方法，不是直指根本原理去研究，而是从树体的表现上去研究，总结出了一套复杂难懂的修剪理论和方法，那些复杂的理论和方法听起来高深莫测，越听越糊涂，修剪起来无从下手。那么什么是高产优质的根本原理呢？同样是灵感一闪，豁然开朗：叶片多制造营养，树体少消耗营养，平衡分配营养，这不就是高产优质的根本原理吗？在此基础上，笔者创造了“满透平”理论技术。该技术直指根本，至简至易，让农民在几天之内，学会各种干性果树的整形修剪技术，生产中不再走弯路，不论采取哪种树形，不论种植哪种果树，都能以其最快的速度获得丰收。

五、发明创造病虫害分类防治技术

农民不易掌握的农业技术是识别并防治病虫害，所以农业专家最让人刮目相看的本领是当场就能识别并防治病虫害。然而，植物病虫害万种而不止，谁能分辨清楚并都能叫上名来？谁也不能！植物生长季节，几乎天天都有病虫害发生，难道农民天天打药吗？这是不可能的。每种病虫害都有自己的发生特点，如果一种病虫害一种治法，那么万种病虫害就有万种治法，这绝对办不到。怎么办呢？笔者创造了一种分类防治方法，就是把病虫害分类，每类有每类的治法。按照此法，可能叫不上某种病虫害的名称，但能够知道属于哪一类，就可以对症下药。

六、发明创造平衡施肥解重茬技术

地上的病虫害防治技术还不是最难的，最难解决的是地下的问题，这就是重茬障碍。重茬障碍是当今农业上一个大问题，来势汹汹，席卷全国，仅 20 多年，病灾遍及各种农作物。如任其发展，危险至极，大片土地将变成不毛之地。重茬障碍有三大表现：烂根死棵、发育不良、低产质差。重茬障碍的原因，当前的书中主要介绍了三个，即自毒、土传病菌和线虫危害。然而这三个原因自古就有，却不成大害。重茬障碍是伴随着化肥的不平衡施用而加重的。平衡施肥的原理，当前的书中讲的很模糊，因此导致了专家配肥不当、厂家制肥不科学、经销商胡乱卖肥、农民胡乱施肥，这才导致了严重的重茬障碍。那么制约肥料不平衡的关键因素是什么呢？笔者研究发现：磷过量固定中微量金属元素才是主要原因，因此发明创造了一种平衡施肥技术，能够从根本上解决施肥不平衡引起的重茬障碍。什么样的施肥技术是合理的？株壮、少病、高产、优质、高效的施肥技术就合理。

七、研究大棚蔬菜生产技术

有人以为大棚蔬菜生产技术高深莫测，其实并不神秘。大棚蔬菜生产不同于露地之处，主要有三项：第一是薄膜，其他水泥、钢筋等材料都能代替，或可有可无，唯有薄膜不能代替，这个问题已经解决了。第二是施肥技术，因为棚内连作而极易发生重茬障碍，笔者已在施肥技术中论述并简化了。第三是病虫防治技术，因为棚内连作而极易发生病虫害，笔者已在病虫防治技术中论述并简化了。其他技术包括建棚、改土、育苗、栽植、植株调理和温、湿、光、气调控，笔者也在书中将其简化，用浅显的语言把技术讲明白，尽量不用专业术语，文化水平不高的农民只要能识字，看了照做就能获得大丰收。

八、研究产前选项

因为种地难赚钱，所以中国农民进城了，留守农村种地的是老年人，全国亲自种地的农业专家极少，可谓凤毛麟角，笔者却是其中一个。起初，笔者采用自己发明创造的新技术，产量大增，却赚钱不多，甚至亏本。这才发现技术只是初级境界：一是技术虽能增产，但技术增产是有限度的，增产一倍极难；二是技术虽能改善品质，但不能从根本上改变，技术改变不了品种的固有缺点。那么，如何才能使农业增效、使农民增收呢？笔者研究发现有 4 个因素：产前选项、产中技术、产中管理和产后营销。产前会选项可以卖高价，产中会技术可以获高产，产中会管理可以省工省钱，产后会营销可以增值。如果产前选项不准，产品不适应市场需求，那么产中技术、产中管理和产后营销就没有多大意义。笔者总结归纳了产前选项有 8 个误区和 3 种市场。农业生产者依据这 8 个误区和 3 种市场，动动脑筋，会豁然开朗。

九、研究产中管理

产前选项讲的是决策方向决定成败，产中管理讲的是执行细节决定成败，其实二者都不能偏废。管理出效益，管理的效益出自两个方面：一是生产不误农时，二是省工省钱。农业生产的最大投入不是地租，也不是肥、水、药等必需品，也不是基本设施。农业生产的最大投入是什么呢？一定是雇工。笔者亲自从事农业生产，为了节省开支，总结归纳了 3 项并行的产中管理方法，即改变生产方式、掌握 6 项招工方法和 5 项管人方法。此法极其简单，极其实用，极其省工，大量省钱。

十、研究产后营销

生产的最后一步是把产品卖掉，这就是营销。讲到营销，很多都是围绕理论兜圈子，写成了厚厚的一本书，却不给你讲实质的，让人云里雾里。有人专讲营销技巧，讲者如醉如痴，听者神魂颠倒，其实就是投机取巧，不能长久。有人高调讲品牌，说白了就是采用一些虚构的企业文化造品牌，现实农业中谁造了几个货真价实的品牌？那些品牌其实不是造的，是卖火了成了品牌。那么如何把产品卖出去呢？笔者在实战中总结了如下措施：强联手、建基地、树大旗、广宣传、找群体、专卖店、兵贵速、出奇兵、借品牌。如果随着市场不断扩大，出现了产业化，形成了稳固的市场，那就更好。

十一、对接《齐民要术》

过去一直没有认真读过《齐民要术》，现在静下心来阅读《齐民要术》，惊叹之余，竟然爱不释手。如此恢弘巨著，堪称天下奇书。《齐民要术》的序中有言："今采捃经传，爰及歌谣，询之老成，验之行事。"说明书中内容采摘了经传文献，而其中大量内容却不见于任何经传文献，所以难能可贵的是贾思勰作为市长（那时没有更高的省级），亲自到民间搜集谚语、请教有经验的老行家，更令人肃然起敬的是这位市长亲自在生产中"验之行事"。

《齐民要术》的序中有言："鄙意晓示家童，未敢闻之有识，故丁宁周至，言提其耳，每事指斥，不尚浮辞，览者无或嗤焉。"贾思勰的本意是教导自己家人生产所用，然而既然说到"览者"，那就是推己及人。《齐民要术》是一部什么书呢？

《齐民要术》是治世良策之书：讲到君临天下，开篇就是"食为政首"，通篇贯穿"食者民之本，民者国之本，国者君之本"，从古代帝王到当时的北魏皇帝，无不苦口婆心，教导农桑。"神农憔悴、尧瘦癯、舜黎黑、禹胼胝，由此观之，则圣人之忧劳百姓亦甚矣"，意思是神农的脸色憔悴、尧的身体消瘦、舜的皮肤晒黑、禹的手脚长满了老茧，帝王忧劳百姓到了极点，才成为圣人。

讲到官员吏治，强调"为治之本，务在安民；安民之本，在于足用；足用之本，在于勿夺时；勿夺时之本，在于省事；省事之本，在于节欲；节欲之本，在于反性"。引用《孟子》曰："狗彘食人之食而不知检，涂有饿殍而不知发，人死则曰：'非我也，岁也'，是何异于刺人而杀之曰：'非我也，兵也'"。贾思勰推崇李悝、商鞅、晁错、赵过、耿寿昌、桑弘羊、黄霸、召信臣、僮种、颜裴、杜畿、李衡等好官，也借孟子之口骂那些不顾百姓死活的官员是狗官。

讲到百姓生产，通篇离不开一个"勤"字。引用《管子》曰："一农不耕，民有饥者；一女不织，民有寒者。"引用传曰："人生在勤，勤则不匮。"引用古语曰："力能胜贫，谨能胜祸。""盖言勤力可以不贫，谨身可以避祸。""故自天子以下，至於庶人，四肢不勤，思虑不用，而事治求赡者，未之闻也。"为了让百姓勤，贾思勰竟然把田间的农事和作坊的工事，按一年 12 个月做了细致的安排，可谓良苦用心。

《齐民要术》又是民生大全之书：贾思勰在《齐民要术》的序中有言，"起自耕农，终於醯、醢，资生之业，靡不毕书，号曰《齐民要术》"。《齐民要术》是农书大全，更是谋生大全，其内容之广，古今中外一切民生著述，都不曾超越。讲到种植和养殖，那是农村的事情。讲到作坊生产和贸易营销，那就与城市有关了，那时的城市太小，也不过就像现在的小镇一样，是作坊和贸易的中心。此书起自农业，却涵盖了百姓谋生技能。齐民是指平民百姓，要术是指谋生的重要方法。

《齐民要术》对于今天的学术研究，有 3 个方面值得人们深深思考。

一是《齐民要术》让人掌握多种谋生技能。而当今的学科却是越分越细，实际是制造框子把自己封闭。例如农业分为种植业、养殖业和加工业，种植业又分为粮、棉、油、菜、果、林、茶、桑、花、药、草、麻等，农业园区虽然专注主导项目，但农业园区是一个综合体，学科之外一窍不通，岂不浪费人才？

二是《齐民要术》“不尚浮辞”，语言简练，讲究实用，依法照做即可。其实，把复杂的事情搞简单就好，把简单的事情搞麻烦就不好，麻烦是弯道而简单才是直道，到了高峰就凝练到简单，叫做“真传几句话，假传万卷书”。而当今的著作很多是洋洋万言，离题万里，狗尾续貂，滥竽充数。人们劳作一天，精疲力竭，谁还读那些大部头文章？写书是为了让人应用，而不是为了晋升职称。

三是《齐民要术》反对固守观念。引用《仲长子》曰：“鲍鱼之肆，不自以气为臭；四夷之人，不自以食为异：生心使之然也。居积心之中，见生然之事，夫孰自知非者也？斯何异蓼中之虫，而不知蓝之甘乎？”意思是：人在某种环境中，接受了某种认识，就固守这种认识，超出自己认识之外的新事物，不但不接受，反而本能的排斥。蓦然回首，今天的学术界，不也有这样的情形吗。

今天，人们敬仰贾思勰的学识，更重要的应该是敬仰贾思勰的思想境界，用以改变我们的不足。

著　者

2016 年 6 月于寿光